U0142962

研究&方法

EXPERT CHOICE

第二版

在分析層級程序法(AHP)之應用

◆榮泰生 著

五南圖書出版公司 印行

本書簡介

　　本書是以「解決問題」為導向，說明利用Expert Choice進行有效企業研究所必須具備的觀念與技術。當我們在做複雜度及難度高的決策問題時，我們必須仰賴一套決策支援軟體，來幫助我們做出有效的決策。

　　「分析層級程序法」（Analytical Hierarchy Process, AHP），是評估各相關因素並進而解決複雜決策問題的理論。在以AHP來解決決策問題上，Expert Choice是坊間使用率最高、最受歡迎的軟體。Expert Choice是理性決策分析、群體決策的絕佳工具。對於欲獲得時間效率、利潤成長的決策者而言，Expert Choice是不可或缺的工具。

　　對於撰寫有關企業決策、個人決策、關鍵因素論文的同學而言，Expert Choice也是分析數據的好幫手。藉著它撰寫一篇高品質論文，進而獲得師長的嘉許，並順利畢業的同學們，必然覺得Expert Choice的功不可沒。本書是以筆者所指導的專題論文為例，說明Expert Choice的操作，以及如何分析資料，並獲得結論。

　　本書的撰寫，秉持了以下的原則：

　　1.平易近人，清晰易懂。以平實的文字、實證研究的例子，來說明原本是艱澀難懂的數理觀念，讓讀者很容易上手。本書並沒有「曲高和寡」的公式推導，更沒有艱澀難懂的理論陳述，所強調的是以Expert Choice（11.5、11、2000版本均適用）作為分析工具，以獲得研究結論所需具備的技巧。

　　2.「解決問題」導向，實作與方法兼備。根據作者指導研究生及大學生撰寫論文、專題研究的多年經驗，充分地了解到讀者所需要的是什麼、所欠缺的是什麼。同時，本書除了說明如何操作Expert Choice軟體之外，還提供了「如何做研究」的基本概念。

作 者 序

　　當我們在作複雜度及難度高的決策問題時，由於能力、時間、推理能力、資訊獲得上的限制（這就是Herbert Simon所謂的「有限理性」），以致於無法在風險、不確定因素下作有效的決策。同時，在正確地評估各因素（可行方案、要素、構面）間的相關重要性程度時，我們常會因問題的錯綜複雜而不知所措。此時，我們必須仰賴一套決策支援軟體來幫助我們作出有效的決策。

　　1971年，美國匹茲堡大學教授賽提（Thomas L. Saaty）為了處理在不確定因素下之複雜決策問題，提出一套有系統的決策方法，這系統決策模式稱為「分析層級程序法」（Analytical Hierarchy Process, AHP），目的在評估各相關因素並進而解決複雜的決策問題。

　　在以AHP來解決決策問題上，Expert Choice是坊間使用率最高、最受歡迎的軟體。Expert Choice是Expert Choice, Inc.所開發的產品，是理性決策分析、群體決策的絕佳工具。該公司成立於1983年，總部設在維吉尼亞州的阿靈頓市，用戶包括財富500家大企業中的100家、30個美國聯邦機構。對於欲獲得時間效率、利潤成長的決策者而言，Expert Choice是不可或缺的工具。

　　對於撰寫有關企業決策、個人決策、關鍵因素論文的同學而言，Expert Choice也是分析數據的好幫手。藉著它撰寫一篇高品質論文，進而獲得師長的嘉許，並順利畢業的同學們，必然覺得Expert Choice的功不可沒。本書是以筆者所指導的專題論文為例，說明Expert Choice的操作，以及如何分析資料、並獲得結論。Expert Choice具有相當的實用性，因此自推出以來，已被各研究單位、學者、學生普遍使用，其應用範圍相當廣泛，特別是在規劃、預測、判斷、資源分配及投資組合試算等方面。

　　讀者可根據本書所附的問卷資料，跟著本書所說明的操作程序實際演練一番，以期舉一反三、靈活運用之效。本書的撰寫，秉持以下的原則：

　　1.平易近人，清晰易懂。以平實的文字、實證研究的例子，來說明原本是艱澀難懂的數理觀念，讓讀者很容易上手。本書並沒有「曲高和寡」的公式推導，更沒有艱澀難懂的理論陳述，所強調的是以Expert Choice（11.5、11、2000版本均適用）作為分析工具，以獲得研究結論所需具備的技巧。

2.「解決問題」導向，實作與方法兼備。根據作者指導研究生及大學生撰寫論文、專題研究的多年經驗，充分地了解到讀者所需要的是什麼、所欠缺的是什麼。同時，本書除了說明如何操作Expert Choice軟體之外，還提供了「如何做研究」的基本概念。

本書得以完成，輔仁大學國貿系、管理學研究所良好的教學及研究環境，使作者受益匪淺。作者在波士頓大學及政治大學的師友，在觀念的啟發及知識的傳授方面更是功不可沒。父母的養育之恩及家人的支持是我由衷感謝的。

最後（但不是最少），筆者要感謝五南圖書出版公司。筆者也要感謝劉正夫教授、陳瑞照教授（輔大統資所）等對本書提供的寶貴意見。本書的撰寫雖懷著戒慎恐懼的心態，力求嚴謹，在理論觀念的解說上，力求清晰及「口語化」，然而「吃燒餅哪有不掉芝麻粒的」，各位，歡迎撿芝麻！祝你論文撰寫順利。

榮泰生（Tyson Jung）

輔仁大學管理學院

2011年6月

第 1 章
緒論

AHP

◆ 1-1 分析層級程序法 ◆

當我們在作複雜度及難度高的決策問題時，由於能力、時間、推理能力、資訊獲得上的限制（這就是Herbert Simon 所謂的「有限理性」），以致於無法在風險、不確定因素下作有效的決策。同時在正確地評估各因素（可行方案、要素、構面）間的相關重要性程度時，我們常會因問題的錯綜複雜而不知所措。此時，我們必須仰賴一套決策支援軟體，來幫助我們作出有效的決策。

1971年，美國匹茲堡大學教授賽提（Thomas L. Saaty）為了處理在不確定因素下之複雜決策問題，提出一套有系統的決策方法，這系統決策模式稱為「分析層級程序法」（Analytical Hierarchy Process, AHP），目的在評估各相關因素並進而解決複雜的決策問題。

AHP分析法是將複雜問題系統，簡化為簡明的要素層級系統。再彙集學者專家的意見及各階層決策者的意見，採用名目尺度（Nominal Scale）執行要素間的成對比較（Pairwise Comparison），予以量化後建立成成對矩陣（Pairwise Comparison Matrix），據以求出各矩陣之特徵向量（Eigenvector），並依其特徵向量作為層級各要素間的優先順序，並計算出最大特徵值（λ_{max}），用以評定比對矩陣一致性指標的相對權重之強弱，以提供決策者作決策時的參考指標。

所謂層級係由至少兩個以上的層級所組成，而AHP則將各個層級連結起來，計算出AHP層級之各因素間相對整個層級的優先順位、相對權重。再者，分析層級程序法可建立連接所有比對成對比較矩陣之一致性指標（Consistency Index, C.I.）與一致性比率（Consistency Ratio, C.R.）。依此結果，評估出整個層級一致性的高低程度。因此，AHP不僅用專家的意見解決複雜性的決策問題，也藉比對矩陣及特徵向量，來決定影響各個因素間的相對權重問題。

▌基本原理

進一步說明，AHP分析法的運算過程係將 m 個事物經過兩兩比較之後，透過人的知覺判斷（Judgments）給予數量化的解釋，用以呈現 m 個事物中第 i 與第 j 事物之間的相對重要性（Relative Importance）a_{ij}。矩陣 $A = (a_{ij})$，即為將 m 個事物經過兩兩比較之後的比較矩陣，並計算特徵向量及求解最大特徵值λ_{max}，作為評估決策者對於兩兩比較基準之判斷是否一致之基準。當決策者對兩兩比較基準之判斷不具一致性

時，矩陣 A 中之元素 a_{ij} 會產生微量的變動，λ_{max} 也會隨之作微量的改變，可用一致性指標（Consistency Index, C.I.）來評量。但兩兩比較事物之個數增加而產生比較上的錯誤，使用隨機所產生的錯誤指標稱為隨機指標（Random Index, R.I.）來調整，而C.I.值和R.I.值的比例即為一致性比例（C.R.），此一比例是用來判斷單一階層間各因素的決定一致性。[1]

解決問題的工具

AHP主要應用在不確定情況下，以及具有多數個評估因素的決策問題上。[2]AHP分析法的理論簡單，同時又具實用性；因此，自發展以來，已被各研究單位普遍使用，其應用範圍相當廣泛，特別是應用在規劃、預測、判斷、資源分配及投資組合試算等方面。依Satty（1980）的衡量，通常可用以解決以下十二種問題：

1. 決定優先順序（Setting Priority）。
2. 交替方案之產生（Generating a Set of Alternatives）。
3. 選擇最佳方案（Choosing a Best Policy Alternative）。
4. 決定需求（Determining Requirements）。
5. 資源分配（Allocating Resources）。
6. 結果預測－風險評估（Predicting Outcomes - Risk Assessment）。
7. 績效衡量（Measuring Performance）。
8. 系統設計（System Design）。
9. 確保系統穩定（Ensuring System Stability）。
10. 最佳化（Optimization）。
11. 規劃（Planning）。
12. 衝突解決（Conflict Resolution）。

基本假設

AHP分析法的基本假設如下：

---

[1] 本節參考輔大統資所前所長陳瑞照教授所編的講義「層級程序分析法」，特致謝忱。

[2] 曾國雄、鄧振源（1989），層級分析法AHP的內涵特性與應用（下），**中華統計學報**，第二十七卷，第七期，第13767-13870頁，1989年7月。

1. 一個系統可被分解成許多類別（Classes）或成分（Components），並形成有向（有方向性的）層級結構。

2. 層級結構中，每一層級的要素均假設具獨立性（Independence）。

3. 每一層級內的要素，可以用下一層級的某些或所有要素作為評估標準，進行評估。

4. 進行比較評估時，可將絕對數值尺度轉換成比率尺度（Ratio Scale）。

5. 成對比較後，可使用正倒值矩陣（Positive Reciprocal Matrix）處理。

6. 偏好關係滿足遞移性（Transitivity）。不僅優劣關係滿足遞移性（A優於B，B優於C，則A優於C），同時強度關係也滿足遞移性（A優於B二倍，B優於C三倍，則A優於C六倍）。

7. 要素的優勢程度，經由加權法則（Weighting Principle）而求得。

8. 任何要素只要出現在階層結構中，不論其權重（優勢程度）如何小，均被認為與整個評估結構有關。

應用AHP的步驟

AHP之操作步驟簡言之，首先進行問題描述，而後找出影響要素並建立層級關係，採用成對比較的方式以其比例尺度，找出各層級之決策屬性之相對重要性，依此建立成對比較矩陣，計算出矩陣之特徵向量與特徵值，求取各屬性之權重，其操作流程見圖1-1，以下分別對於重要步驟簡略作說明：

問題描述

進行AHP運作時，應詳細了解研究問題，以及了解可能影響此問題的要素（構面），要注意要素之間的相互關係與獨立關係（要素與要素之間要互相獨立，不應是某觀念的一體兩面）。

建立層級架構

基本上層級架構的建立並沒有特定的標準程序，研究者可用腦力激盪、名義團體技術、德爾菲技術或文獻蒐集的方式來建立構面（因素、要素）。特別說明的是，由於一般人無法同時針對七種以上的事物進行比較的假設前提下，因此每一層級的要素最好不超過七個為原則。

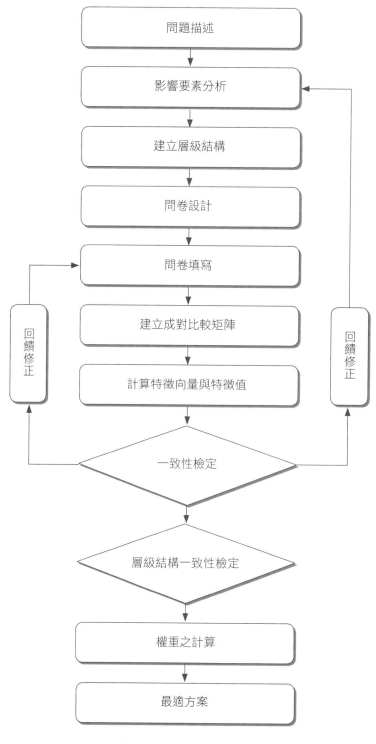

圖1-1　應用AHP的步驟

在此階段必須決定研究問題的目標（Goal），以及達成總目標的各項指標（構面）。構面的產生可用腦力激盪法、名義團體技術、德爾菲技術（見1-3節）。典型的層級結構如圖1-2所示〔圖中A為目標（第一層級）、B為第二層級、C為第三層級。A_1、A_2代表Alternative，見第四章的說明〕。

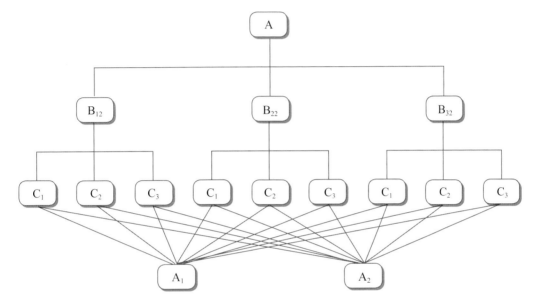

圖1-2　典型之層級結構

問卷設計

層級分析法主要是以每一層級的下一層級因素，作為對此一層級因素評估的依據，然後再進行因素間的成對比較。層級內若有 n 個因素時，則需進行n（n－1）/2個成對比較。這種方法就是為了簡化問題的複雜度，使決策者可以專注於兩因素間的關係。

建立成對比較矩陣（成對比較評估）

根據回收的問卷所得到的結果，建立成對比較矩陣（Pairwise Comparison Matrix），目的在於評估同一層級兩兩因素間的關係。建立目標分析之層級與下層之評估要素指標後透過問卷調查，決策者（問卷填答者、受訪者）將對兩兩因素間之相對重要性進行成對比較。

依Saaty建議，成對比較是以九個評比尺度來表示；評比尺度劃分成同重要、稍重要、重要、很重要、超重要，其餘的評比尺度則介於這五個尺度之間。尺度的選取可視實際情形而定，但以不超過九個尺度為原則，否則將造成判斷者之負擔。

表1-1　　AHP評估尺度

尺度	定義	說明
1	同重要（Equal Importance）	兩個因素具有同等的重要性，相同重要。
3	稍重要（Moderate Importance）	根據經驗和判斷，認為其中一個因素較另一個稍重要。
5	重要（Essential / Strong Importance）	根據經驗和判斷，強烈傾向偏好某一因素。
7	很重要（Very / Strong Importance）	實際上非常傾向偏好某一因素。
9	超重要（Extreme Importance）	有證據確定，在兩相比較下，某一因素極為重要。
2，4，6，8	相鄰尺度間的折衷值	當折衷值需要時。

資料來源：*The Hierarchon: A dictionary of Hierarchies.* Saaty, p. A-9; T. C. & Forman, E. H. (1996). Pittsburgh, Pennsylvania: Expert Choice.

計算特徵向量及特徵值

將取得之成對比較矩陣A，採用特徵向量的理論基礎，來計算出特徵向量與特徵值，而求得因素間的相對權重。透過軟體（Expert Choice）即可獲得相對權重，無須自行計算。

一致性檢定

一致性指標（Consistency Index , C.I.）的判定：

1.C.I.＝0，表示決策者前後判斷完全具一致性。

2.C.I.≦0.1，表示矩陣的一致性程度令人滿意，也就是矩陣的一致性程度在可以接受的範圍。

計算完C.I.值後，再應用一致性比率（Consistency Ratio, C.R.）來衡量矩陣的一致性是否達到一定的水準。而C.R.值指的是在相同層級的矩陣下，一致性指標值與隨機指標（Random Index, R.I.）值的比率。

C.R. = C.I./R.I.，其中R.I.為一隨機指標（Random Index）。表1-2為決策因素是m時，所對應的R.I.隨機指標表。

表1-2　隨機指標（Random Index, R.I.）表

m	1	2	3	4	5	6	7	8	9	10	11	12	13	14	15
R.I.	0.00	0.00	0.58	0.90	1.12	1.24	1.32	1.41	1.45	1.49	1.51	1.48	1.56	1.57	1.59

C.I. =（λmax − m）/ m − 1，λmax是矩陣 A 的最大特徵值。

讀者如果看不懂以上的說明，請不要放棄，本書會有更詳細的說明，如果跟著第三章操作一遍，必然豁然開朗，熟稔來龍去脈。

1-2　AHP軟體──Expert Choice

Expert Choice 是Expert Choice, Inc.所開發的產品，是理性決策分析、群體決策的絕佳工具。該公司成立於1983年，總部設在維吉尼亞州的阿靈頓市，用戶包括財富五百家大企業中的100家、30個美國聯邦機構。對於欲獲得時間效率、利潤成長的決策者而言，Expert Choice是不可或缺的工具。本書將於第三章說明Expert Choice的操作方式。

讀者可上該公司網站（http://www.expertchoice.com/2021，圖1-3），對該公司的產品、服務、市場、客戶、資源做一番了解。

貼心小叮嚀

目前Expert Choice沒有試用版可用，讀者可以試用另一個AHP的軟體：Super Decisions（https://www.superdecisions.com）。

另一套軟體logical decisions也有提供試用版，台灣的代理商是皮托科技（https://www.pitotech.com.tw/contents/zh-tw/p10142_Logical_Decisions.html）

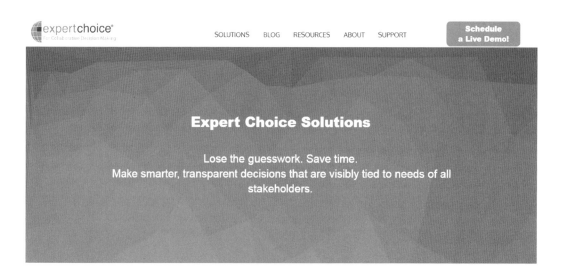

Expert Choice Applications Include:

Project & Product Management

Capital Budgeting

Strategic Planning

Vendor Source Management

Marketing Strategy, Innovation & Voice of the Customer

Federal, State & Local Government Transparency

Trade Studies

Enterprise Risk Management

Human Resource Management

General Decision Making

圖1-3　Expert Choice網頁

Expert Choice應用領域包括：

1.專案及產品管理

2.資本預算

3.策略規劃

4.供應商資源管理

5.行銷策略，創新與客戶心聲

6.商業研究

7.企業風險管理

8.人力資源管理

9.一般決策

SOLUTIONS BLOG RESOURCES ABOUT SUPPORT **Schedule a Live Demo!**

Consulting, Seminars, Webinars & Training

AHP and Decision Strategy Consulting

More than 40 years helping organizations tackle complex decisions

Expert Choice offers "surgical strike" consulting services that deliver rapid value. Our customers tell us that our engagements have delivered more benefit to their organizations in just a few days than other consultants have delivered in months.

Our clients rely upon our consulting services when they:

- Are faced with complex decisions requiring the input of many stakeholders
- Have expertise on hand but want an external facilitator who can bring a strategic process to more quickly reach a final consensus
- Need more internal alignment so everyone is on the "same page"
- Want more perspective on important decisions that may have "hidden" impacts
- Want an independent third party to mediate a decision-making process
- More efficiently brainstorm, communicate and collect decision input across geographies and time-zones

Expert Choice consulting engagements are custom designed to meet the needs of your specific decision. From facilitating important decisions in the board room or over the Internet, we can help your team navigate through complex decisions and reach actionable outcomes, build buy-in, and move forward with confidence.

A typical engagement with Expert Choice starts with a scoping discussion. We will engage your team with a customized approach to help:

- Frame the decision challenge (and ensure alignment with strategic objectives)
- Measure your objectives or criteria
- Evaluate your alternatives (leveraging both data and expert judgment)
- Synthesize your results

圖1-4　提供客戶諮詢、研討會、網路研討會和培訓

　　加入會員之後，你會不定期的收到Expert Choice, Inc.所寄來的新產品資訊。圖1-5顯示了該公司對其所推出的風險管理講座的說明，其中包括：不確定性與風險、機率的估算，以及股票與選擇權的選擇。

圖1-5　Expert Choice, Inc. 所推出的風險管理講座

◆ 1-3　AHP與決策 ◆

　　由於AHP是輔助決策的絕佳工具，我們有必要對於決策的本質、決策階段（做決策的過程）、群體決策、提升群體創造力建立層級架構的技術，有一個概括性的了解。

▋管理決策的本質

決策（Decision Making）是確認問題與機會，並掌握機會、解決問題的過程。公司決策通常都是由管理者、團隊成員或員工個人來制定，但這要看決策範圍、組織設計與結構而定。具有分權式結構的組織，會將決策權下授給工作團隊或第一線的員工。

決策的定義中，包括確認問題與解決問題這兩部分。例如，英特爾公司的董事長Andy Grove認為，公司的問題在於在記憶體晶片市場耗費了太多的資源，而這些資源如果用在半導體晶片上會更好。因此，他決定要從記憶體晶片市場中撤退，於是關閉工廠、出售資產，然後將主力放在半導體晶片市場，並對廠房設備做大手筆的投資。

管理決策的本質，則包括：定型化、不確定性、風險、衝突、決策範圍、危機情況。

定型化

在許多情況下，公司問題的解決都有例行程序，這就是定型決策（Programmed Decisions）。例如，零售店銷售人員的工作包括對於商品補貨、接受訂購、操作收銀機、商店展示，以吸引顧客這些事情的定型決策。在行銷部門所訂定的銷售政策、程序手冊中，都詳細說明了以上各活動的程序。

非定型決策（Nonprogrammed Decisions）發生在獨特的情況，或者沒有既定的程序（例行程序）可資依循的場合。需要擬定非定型決策的場合，是針對問題界定不清、結構不明，但是這些問題會產生重大結果的場合。管理者及專業人員在制定非定型決策時，需要依靠更多的知識與經驗。例如，在某一銷售地區需要拜訪新舊顧客的銷售代表，常需要制定非定型決策。此銷售代表必須尋找、拜訪潛在顧客、和他們打成一片，決定他們的購買可能性，並獲得訂單。由於每位顧客的偏好及財務狀況都不相同，所以此銷售代表必須做一系列的非定型決策。

非定型決策比定型決策重要，因為非定型決策比較複雜、比較難做，也對組織績效有更大的影響。管理者可將定型決策授權給部屬去做，因此就會有更多的時間與精力來做更困難的非定型決策。

不確定性

在做決策時，如果可以獲得所需要的所有資訊，那麼此決策就是在確定（Certainty）情況下所制定的。一個汽車製造工廠在計算年度勞工成本時，能夠非常確定的知道成本，因為它和工會簽有合約關係，工資每年會漲多少都已經規定得一清二楚。當然，並不是所有的企業行為都可由合約所約束。同時，當合約到期，在下次簽約之前，企業還會面臨到許多不確定性。

管理者在做各種決策時，所面臨到的不確定性程度有的高、有的低，情況不見得會一樣。不確定性（Uncertainty）是指在作管理決策時，所得到的是不充分的資訊。許多重要的管理決策，是在高度不確定的情況下做成的。當公司推出新產品時，消費者是否會接受就具有不確定性。雖然事前的市調顯示，消費者喜歡比較甜的可樂，但是當新可樂推出後，卻受到消費者的排斥。

在電視公司，於黃金時段所播出的新電視節目會造成多少收視率、會提高多少利潤，判斷正確的機率只有十分之一。由於資訊有限，電視公司的高級主管必須靠著直覺來判斷。情境喜劇影集Seinfeld在開播後的兩週，收視率並不好，但是有些高級主管還是大力支持，最後怎麼也想不到它成為NBC電視台最賺錢的影集。

風險

管理決策結果的不確定性程度就是它的風險（Risk）程度。風險有正面和負面的意涵。當一個負責共同基金的管理者在市場萎縮時，企圖將其基金組合達到利潤極大化，並使其損失風險達到最小化，他就是面對著正面風險與負面風險。許多共同基金經理在選擇股票組合時，會考慮經濟循環相抵銷的產業（例如：某些產業在不景氣階段，但有些產業在景氣階段），以便減低總投資風險，不至於造成大起大落的現象。

在風險情況下，作決策會隨著公司文化與規模的不同而異。在創投公司工作的人必須對風險決策處之泰然，因為作這類決策有如家常便飯；反之，在凡事依循例行程序、既定規則行事的大型公司做事的人，就不必作許多風險決策（或者根本不必作這類決策）。必須不斷的在產品上推陳出新的高科技公司，比較可能孕育出風險承擔（Risk Taking）的文化。反之，依據人口統計的預測來規劃今後二十五年現金流量的美國政府機構，如社會安全局，就比較可能孕育出風險規避（Risk Avoiding）的文化。具有風險承擔這種文化的公司，會鼓勵決策者承擔中度的風險。有些公司甚至容忍犯錯，因為從錯誤中獲得寶貴經驗，也是很重要的學習方式。具有風險規避這種文化的公司，則比較不能容忍決策錯誤的結果。

衝突

要每個人對於要作什麼事得到共識，是相當困難的事情。管理決策的特性之一，就是它在目標上、稀有資源的使用上，及其他優先次序上都會造成許多衝突的現象。為了確保決策行動能夠順利進行，有效的管理者必須考慮到許多利益關係者的立場。否則，被迫接受其所反對決策行動的個人或工作團體，就不會對此決策有所承諾，甚至會肆意破壞。因此，在各種可行方案中作選擇時，很重要的一個標準就是要考慮到人們的接受度，這些人包括高級主管、管理者，以及第一線員工。請容後述。

衝突可增加決策品質，因為它可使思考方式不同的人，從各種角度來看決策結果。換句話說，它可使不同的人考慮到決策對他們的影響。在提出解決方案時，如能考慮到每個人的利害關係，就可以對衝突作有效的管理。

在制定基本研發費用的決策時，財務主管會傾向於刪減費用，因為他認為基本研究的成果，在今後六到八年內不會給公司帶來利潤。但是，這位財務主管卻支持提供應用研究的費用，因為應用研究在今後的二、三年內就能回收成本。而研發主管當然會反對這種短視的投資觀點，他會努力爭取基本研究的費用，以免使得新產品開發無以為繼。以上的例子顯示，決策的衝突就是長期與短期觀點的問題。

對於某決策具有不同利害關係及觀點的人，在稀有資源的分配與支出上，都應有表達意見的權力。在大多數情況下，讓這些人參與決策，以便消弭歧見，即使他們不喜歡這個決策，但他們對此決策結果也會有比較高的承諾。

決策範圍

決策範圍（Decision Scope）是指決策的效應與時間幅度。決策效應（Effect）包括參與決策的人，以及受到決策影響的人。決策的時間幅度可以短到一天，長到五年以上。策略決策（Strategic Decisions）是以長期觀點（通常二到五年）所作的決策，其成果會影響整個組織。策略決策包括決定要進入或退出哪個產品市場，以及決定成長與獲利目標。高級主管有責任擬定策略決策。

戰術決策（Tactical Decisions）是以短期觀點（通常一年或以下）所做的決策，其所著重的是組織的次單位，例如：部門或專案小組。戰術決策包括在部門的預算之內，如何將資源分配到不同的活動上。中階經理最可能作戰術決策。作戰術決策時，要考慮到策略方向，並能夠支援策略決策。

作業決策（Operational Decisions）是以極短期觀點（通常一年以下）所做的決策。作業決策通常是以每日、每週為基礎來制定，所著重的是公司的例行活動，例

如：生產、客戶服務、零件與供應品的處理。組長、領班、工作團隊負責人、第一線員工，都涉及到作業決策的制定。在做作業決策時，必須考慮到長期觀點的策略決策，以及短期觀點的戰術決策。

危機情況

在危機情況下做決策，顯然比在平常的狀況更具挑戰性、更困難。危機情況包括：(1)非常模糊的情況，在此情況中不能確定何為因、何為果；(2)極少發生的例外事件，此事件會攸關組織的生存；(3)因應此事件的時間非常緊迫；(4)對組織成員而言是一個意外事件；(5)因應此事件的決策會陷入兩難的情況。[3]在危機情況下所做的決策具有風險、不確定性、非定型化的特色。危機的例子有惡意的購併公司、產品被發現對消費者有害、工會發動的罷工、自然災害使公司不能向顧客提供服務，或者恐怖攻擊（例如：在2001年9月11日，紐約雙子星大廈所遭受到的恐怖攻擊）。

在危機情況下作決策，可使某位管理者成為英雄，也可使他成為梟雄。IBM的董事長Lou Gerstner在公司面臨生死危急之秋，毅然決然地將經營重心從硬體製造轉移到客戶服務上。結果扭轉了公司的命運，Gerstner的事業生涯也從此飛黃騰達。

▌決策階段

如圖1-6所示，做決策包括六個階段：(1)確認與診斷問題；(2)產生可行方案（備選方案或選項）；(3)評估可行方案；(4)選擇最佳的可行方案；(5)執行決策，以及(6)評估結果。

圖1-6　決策的六個階段

確認與診斷問題

決策的第一個階段是確認與診斷問題或機會。機會（Opportunity）是問題的

---

[3] C. M. Pearson and J. A. Clair, "Reframing Organizational Crisis," *Academy of Management Review* 23 (1998): 59-76.

一種特殊形式。企業要掌握機會的話，必須投入資源才能夠改善企業績效。問題（Problem）就是實際績效落後於預期績效（所期望的績效）水準的情形。典型的問題包括：

1. 高的員工離職率。
2. 公司利潤的降低。
3. 門市商品偷竊數的增加。
4. 低品質的成品。
5. 工作職場員工受傷率的增加。
6. 競爭者採用新科技使其生產力提高。

一旦確認問題之後，決策者就要開始探求問題的原因。他必須蒐集資訊、探究可能的原因、盡可能剔除不可能的原因，然後再專注於最可能的原因。例如：某管理者發現到員工的離職率愈來愈高，於是就開始蒐集資訊來診斷問題，然後試圖了解為什麼離職率會這麼高。可能的原因是：員工對於毫無挑戰性、重複的工作感到不滿意、薪資低於同業水準、工作壓力太大、在人力資源市場有更好的工作機會，以及難以兼顧工作與家庭。在解決問題前，對問題作徹底的診斷（找出所有可能的原因）是非常重要的。如果發現造成高離職率的真正原因是因為僵固的工作時間安排，使得員工難以兼顧工作與家庭，但是管理者誤認為原因出於薪水不高而加以調薪的話，那麼此管理者並沒有真正的解決問題。

產生可行方案（備選方案或選項）

第二步驟就是根據所認知的原因，來產生解決此問題的可行方案。有些問題因為有現成的答案，所以可以用定型的解決方式來解決。在新奇的情況下必須作非定型決策，因為沒有提供問題解決方向的政策或程序可資依循。

在非定型決策的制定方面，決策者要想出創意的解決方案，同時在想到所有的解決方案之前，不要貿然的判斷某個解決方案的價值。如果在決策過程的第二階段，對於解決方案做太匆促的評估，就很可能會抹殺創意，而產生低品質的決策。許多公司在作非定型決策時，會利用群體的方式來產生解決方案，因為群體成員可以集思廣益，因此會比個人決策來得有效。事實上，群體決策常用來解決顧客服務的問題，對顧客需求提出一些創新性的解決方案。

評估可行方案

在決策過程的第三階段，決策者必須利用一些決策標準來檢視各種可行方案。決策標準（Decision Criteria）必須與組織及其次單位的績效目標息息相關，這些標準可以是成本、效益、及時性、可行性與公平性。

在決定決策標準方面，比較實際的做法是考慮品質與接受度。決策品質（Decision Quality）是依據像成本、利潤、產品設計規格這樣的數據，例如：技術工程的問題可以藉由蒐集資訊、利用數學技術來解決。決策接受度（Decision Acceptance）是根據人們的感覺。如果受到此決策影響的人都同意此決策，則此決策的接受度就會高。[4]

決策可以根據其品質與接受度及其效能的關係來加以分類。有些技術性決策需要高品質但低接受度，因為員工對於決策結果並不關心。需要高品質但低接受度的決策例子是：以最佳的價格購買原料。一位購買專員就可以作這樣的決策。有些其他的決策特別強調接受度，但決策品質則無關緊要。高接受度、低品質的決策涉及到公平性的問題，例如：誰必須加班？誰有靠窗的辦公室？這種決策的重點不在於最後誰必須加班，而是人們對結果的感受，以及人們接受這個決策結果的意願。

最困難的決策就是高品質、高接受度的決策，例如：關廠決策、人員解雇決策。如果此決策考慮到品質，那就涉及到人工成本的問題；如果涉及到接受度，就涉及到如何得到工會的支持而不醞釀罷工（如果罷工，會使公司的損失更大）。在對這種問題做決策時，決策者必須在品質與接受度這兩個目標之間，取得一個適當的平衡點。

選擇最佳的可行方案

決策過程的下一步就是選擇最佳的可行方案。決策者可用最適化或滿意解的方式。最適化（Optimizing）涉及到從各種標準中，選擇最佳的可行方案。例如：假設為了填補一個新的職缺選擇，應徵者的標準是專業技術知識、工作經驗及領導技術。再假設要花六個月的時間，才能夠建立足夠的申請者人才庫，如果某可行方案的效益大於成本，則此解決方案就是最適化的解決方案。在大多數的情況下，為了選擇一個適當的應徵者而將此職位空缺六個月，是不值得的（成本大於效益），因此這不是最適化的解決方案。再說，許多重要的決策都是在風險的情況之下做的，因此決策者要

---

[4]　N. R. Maier, *Psychology in Industrial Organizations*, 4th ed. (Boston: Houghton Mifflin, 1973).

得到最適化的解決方案就會受到限制。

滿意解（Satisficing）[5]就是選擇達到最低標準的第一個解決方案。當決策者不可能獲得完全充分的資訊，或者獲得資訊的代價太過昂貴時，就會以滿意解的方式來作決策。滿意解的意思是決策者找到了滿意的，但不是最適的解決方案。例如，當甄選一個新的應徵者來填補職位空缺時，許多企業會錄用第一位達到基本要求條件的應徵者，而不是卯足全力找到最適當的應徵者，因為這樣不僅曠日廢時而且所費不貲。

執行決策

將可行方案付諸於行動，並確信此行動能夠順利運作，就是決策過程的下一個步驟。執行（Implementation）就是指決策者將解決方案加以落實。如果決策不能落實，充其量不過是頭腦體操而已。

決策的執行是非常重要的階段，因為它需要高級主管、管理者、員工的支持與合作，而這些人的利益與目標又不盡相同。例如，某位管理者為了遵行公司的差異性政策，決定要錄用一位少數民族人士來填補職位空缺，如果其他的員工覺得不滿，拒絕和這位新進員工共事，則這個決定也不可能有效的實施。有效的實施員工差異性管理，首先要訓練員工尊重差異性，然後員工才可能支持差異性政策。如果不對員工施以有效訓練，則差異性政策的實施無異緣木求魚。

以下因素有助於決策的實施：

- 提供資源，例如提供實施某決策所需要的人員、預算、辦公室空間。
- 運用領導力以說服員工配合執行。
- 發展溝通與資訊系統，以讓管理者了解所選定的可行方案，是否達到既定的目標。
- 對於成功執行的個人與工作團隊給予獎勵。

評估結果

決策過程的最後一個階段就是評估結果。在此階段，決策者會蒐集資訊，來了解所執行的決策是否達成目標。正確而及時的資訊，再加上回饋可使決策者作徹底的評估，並決定是否需要修正決策。

決策者必須建立合理的目標與標竿，才能夠對決策的有效性做適當的評估。要讓

---

[5] 譯註：Satisficing是蘇格蘭文，在英文中應該是Satisfying。

決策者有充裕的時間來評估是很重要的。如果高級主管在蒐集到新工廠的生產力資訊之後，就對其效能遽下結論，絲毫不給廠長有解決生產瓶頸的機會（這個現象在新工廠是家常便飯的事），這種作法是相當愚蠢的。比較好的作法是讓工廠人員先對設備的操作方法駕輕就熟之後，再作評論。

▌群體決策

AHP的優點在於能綜合採納受測者的意見，操作簡易，並且過程的推導上具有健全之理論基礎。決策對個人、企業的重要性自是不言而喻。因為「錯誤的決策比貪汙更可怕」。AHP是群體決策支援系統的最佳輔助工具。事實上，如果AHP若能與群體決策支援系統相結合，在決策的制定上必有如虎添翼之效。

決策支援系統（Decision Support Systems, DSS）的基本觀念是由蓋瑞提（T. P. Gerrity）在1971年所提出：用大量人類智慧、資訊、科技與軟體，以解決複雜問題。[6]就理論上看來，DSS無論對個人或群體皆可適用，而在實務上，大多數的DSS則針對單一決策者而設計。不可否認的，組織的許多決策是由群體所共同決定的。尤其當組織環境及經營變得日益複雜、個人在思考推理上的力不從心，由個人來獨自作決策掛一漏萬，在所難免，效果必然大打折扣，因此非靠群策群力、集思廣益不為功。而經由群體決策支援系統（Group Decision Support Systems, GDSS）的支援，可使群體決策更具效能及效率。

DSS是一種交談式的系統，可幫助決策者解決非結構性問題。而GDSS的觀念便由此衍生，GDSS主要是幫助「群體決策者」解決非結構性的問題。GDSS的重要特性有：

- GDSS是一種特殊設計的系統，並非只是將已存在的系統加以重組。
- 設計GDSS的主旨是要協助群體決策者，因此，GDSS應當要能輔助群體決策者的決策制定，以及增進決策效能。
- GDSS是非常容易學和使用的。依使用者的不同需要，而提供不同層次的決策支援與電腦化的協助。
- GDSS可能是「專一的」，也就是專為某種問題而設計的，或是「通用的」，

---

[6] T. P. Gerrity, "Design of Man-Machine Decision Systems: An Application to Portfolio Management," *Sloan Management Review*, Winter 1971, p. 59.

也就是可適用於一般性的組織決策。

- GDSS具有固定的結構，這結構使得「負群體行為」，例如：破壞性的衝突、無法溝通或群體盲思（Groupthink）消失無蹤。

GDSS的定義範圍非常廣泛，因此能適用於各種不同的群體決策情況，其中包括：會議、研討小組、專案小組、董事會等等。例如，組織為了要解決某一特殊問題（可能是產業合併決策），而在某地召開的高階主管會議；或是為了討論產品的銷售業務代表的雇用等問題，而經由視訊會議系統舉行區域銷售經理會議等，都是GDSS可應用的範圍。

在群體決策的過程中，我們需要經由電腦系統而得到的幫助，包括：資訊選擇、資訊分享與資訊使用。資訊選擇（Information Choice）包括從既有的資料中選擇有價值的資訊，以及篩選一些由其他群體得來的資訊（包括態度、意見及非正式的觀察）。資訊分享（Information Sharing）是指資訊可顯示在顯示器上或每一位成員的電腦終端機上，以讓群體中的每一個人皆可知曉。資訊使用（Information Use）牽涉到軟體科技的應用（例如：套裝軟體，或是特殊的應用程式，以及群體解決問題的技術），以期增加群體決策的效能及效率。

支援群體決策的技術有很多，其中最基本的就是決策室。在決策室（Decision Room）中，每位決策者圍坐在馬蹄型的會議桌，面前有一台終端機或PC，可直接將構想鍵入電腦中，在每個人的前面有一個大螢幕（公共顯示器），以便呈現決策的背景資料，以及各決策者所提出的構想或摘要，並進一步呈現分析的結果。例如：一群高級主管在決定下一年度的行銷組合策略時，可藉由GDSS來顯示目前環境狀況，如：財務、市場潛力、消費者購買行為等，以便於決策者的策略思考。決策者在對各策略的可行方案加以排序及評估之後，各種可行方案會經由GDSS模式進行分析，再經過決策者的互動或修正之後，最後會產生特定的、具有共識的策略。除了決策室之外，網路電話、視訊會議也都是支援群體決策的有效工具。

▌提升群體創造力——建立層級架構的技術

我們在建立層級架構時，可利用群體問題解決技術，以激發創意構想及創新性解決方案，同時防止群體盲思〔群體盲思（Groupthink）是指群體成員力求達成共識，

而不正確地去評估與決策有關的資訊所造成的錯誤和偏差的決策形式〕[7]、協助管理者發現偏差現象。我們將說明三種群體決策技術：腦力激盪、名義團體技術，以及德爾菲技術。

腦力激盪

腦力激盪（Brainstorming）是群體問題解決技術，管理者以面對面的討論方式來產生與辯論各種可行方案，然後從中做決定。[8]一般而言，腦力激盪是5～15名管理者在密閉的房間內舉行，其進行的步驟如下：

- 某位與會者將討論的問題寫在黑板上。
- 然後每位與會者分享看法，並產生若干個可行方案。
- 在討論每一個可行方案時，與會者不能批評；每個人要等到所有的可行方案都經過討論之後才可以批判。某位與會者要在可翻動的卡片上作記錄。
- 要鼓勵與會者盡量發揮創意、提供激進的看法。天馬行空、點子愈多愈好。此外，可鼓勵與會者採取「豬背」（Piggyback）的方式，也就是以別人提出的看法為基礎，再加上自己的看法。
- 產生了所有的可行方案之後，與會者就開始辯論每個可行方案的優缺點，並產生幾個最佳的可行方案。

　　腦力激盪適用於某些問題解決的場合。例如，管理當局想要替新款香水或汽車取個名字。但是，有時候個人單獨思考反而會產生更多的點子。腦力激盪之所以會比較沒有生產力的主要原因，似乎是生產瓶頸的問題。**生產瓶頸**（Production Blocking）是指在腦力激盪中，由於非結構化的特性而造成不具生產力的現象，例如：群體成員（或與會者）不可能同時理解所產生的所有可行方案，或者考慮到其他的可行方案，或者記得住他們腦中所想的東西。[9]

---

[7] I. L. Janis, *Groupthink: Psychological Studies of Policy Decisions and Disasters*, 2d ed. (Boston: Houghton Mifflin, 1982).

[8] T. J. Bouchard, Jr., J. Barsaloux, and G. Drauden, "Brainstorming Procedure, Group Size, and Sex as Determinants of Problem Solving Effectiveness of Individuals and Groups," *Journal of Applied Psychology* 59 (1974), 135-38.

[9] M. Diehl and W. Stroebe, "Productivity Loss in Brainstorming Groups: Towards the Solution of a Riddle," *Journal of Personality and Social Psychology* 53 (1987), 497-509.

名義團體技術

名義團體技術可避免生產瓶頸的現象。**名義團體技術**（Nominal Group Technique）是比較結構化的方式；它是以書寫的方式來產生各種可行方案，讓與會者（管理者）有更多的時間與機會，來產生各種可能的解決方案。如果某議題具有爭議性，或者管理者間對於某些行動方案各持己見、互不讓步，使用名義團體技術最為適當。一般而言，名義團體技術是一小群管理者在密閉的房間內進行，所進行的步驟如下：

- 某位與會者（管理者）將待解決的問題列出大綱。每位與會者利用30～40分鐘的時間，分別寫出他們的想法和解決方案。每位與會者都被鼓勵要多發揮創意。
- 與會者輪流向群體發表他們的看法或建議。某位與會者要在可翻動的卡片上作記錄。
- 在讀完所有的可行方案之前，不允許對可行方案做批評或評斷。
- 然後討論每個可行方案，先提出的先討論。與會者可要求提案者再補充說明他的看法或提供一些資訊作為佐證，然後就開始評論每一個可行方案的優缺點。
- 所有的可行方案經過討論之後，每位與會者要依據偏好次序對各可行方案加以排序，然後選擇排序最好的（通常是次序數目最低的）可行方案。[10]

德爾菲技術

名義團體技術與腦力激盪都需要管理者（與會者）共聚一堂，來產生創新構想、共同解決問題。如果管理者身處異地，不能進行面對面溝通的情況下，要怎麼辦呢？視訊會議是解決地理問題的一個好方法，另外一個方法就是利用德爾菲技術。**德爾菲技術**（Delphi Technique）是以書寫的方式來創意解決問題的方法，[11]進行的步驟如下：

---

[10] D. H. Gustafson, R. K. Shulka, A. Delbecq, and W. G. Walster, "A Comparative Study of Differences in Subjective Likelihood Estimates Made by Individuals, Interacting Groups, Delphi Groups, and Nominal Groups," *Organizational Behavior and Human Performance* 9 (1973), 280-91.

[11] N. Dalkey, *The Delphi Method: An Experimental Study of Group Decision Making* (Santa Monica, CA: Rand Corp., 1989).

- 群體領導者（會議主席）寫下問題的陳述，以及群體成員（參與者）將要回答的一系列問題。

- 將問題發送給每位群體成員。這些群體成員可能是部門主管，也可能是該問題領域的專家。他們要想出解決方案，並將問卷答案寄回給會議主席。

- 高級主管團隊對這些答案加以記錄並匯總。匯總結果再寄給每位參與者，並附上額外的問題，詢問參與者要不要調整其原先的答案。

- 此一過程一直持續到達成共識時為止，最適當的行動方案於焉產生。

第 2 章
研究方法與程序

一篇高品質的研究，必經過以下的步驟：

1. 研究問題的界定
2. 研究背景、動機與目的
3. 文獻探討
4. 觀念架構及研究假說
5. 研究設計
6. 資料分析
7. 研究結論與建議

本章將扼要的說明這些步驟。值得一提的是，一些步驟的內容，隨著我們使用的方法（AHP分析法）而有所調整，例如：我們所建立的觀念架構是層級式的架構，而不是像一般量化研究以繪圖的方式，表示變數之間的關係以及／或者干擾變數；我們也無須建立假說（Hypothesis），並對這些假說進行統計上的檢定（Testing）。在三種蒐集初級資料的方法（調查法、實驗法、觀察法）中，在使用AHP分析法進行研究時最適當的是調查法。而調查法又可細分為人員訪談（Personal Interview）、電話訪談（Telephone Interview）、問卷調查（Questionnaire Survey）及電腦訪談（Computer Interview）。在使用AHP分析法進行研究時，我們使用的是人員訪談。蒐集資料之後，由於樣本很小，所以不對變數作信度、效度檢定。本章將說明在使用AHP分析法進行研究時所應遵守的原則及注意事項，有些說明雖然與「使用AHP分析法進行研究」無直接關聯性，但為了增加讀者的全盤知識，所以還是會加進來作扼要說明。

雖然在過程上，使用AHP分析法進行研究比一般的量化研究簡化了許多，但還是有許多原則必須遵守，才能夠獲得高品質研究。

本章是以筆者所指導的專題研究論文（創業關鍵成功因素之探討——AHP分析法）為例來說明各程序。參與此研究的組員有：張凱惇、王怡仁、謝嘉容、曾巧馨、陳虹儒。此論文獲輔仁大學金融與國際企業系頒發之優等獎（2009）。

◆ 2-1 基本觀念 ◆

▌高品質研究

在實際進行研究時，如何獲得高品質研究？我們發現，許多花了大量人力與財力進行研究，其研究成果實在「不敢恭維」，因為：

1. 對於資料如何取得沒有交代，或交待不清，因此無法判斷樣本的代表性。

2. 對於樣本大小的決定，沒有統計理論基礎，或者沒有說明背後的假說、理由。

3. 沒有說明資料的型態及所用的統計方法，以及這個統計方法的限制。

4. 所用的統計方法過於單純，並且很少提到統計結果在統計上的意涵（使用AHP分析法進行研究時，無法獲得統計檢定值，只有各構面的權重值）。

5. 統計結果在企業問題上的意涵，說明得非常牽強。

　　上述的缺點，顯然是因為研究者在進行研究時缺乏全盤思考所致。一個高品質研究（Quality Research）會利用專業研究技術，產生可靠的數據（研究成果），在學術領域獲得獨到的見解。相形之下，低品質研究則是規劃粗糙、進行草率，在學術領域上只能說是「濫竽充數」。高品質的研究會依循研究程序，循序漸進、前後呼應、環環相扣。以下問題可幫助研究者作整體性思考，如果能對以下各問題作充分而合理的說明，才可稱為高品質研究：

1. 為何要研究這個主題？動機如何（是從文獻探討中發現了什麼可議之處？或是什麼企業問題激發了你去探求的慾望）？目的如何（想要發現什麼、想要解決什麼問題）？研究的範圍如何？限制如何？

2. 這個主題所涉及的相關變數是什麼？這些變數之間的關係如何？〔變數之間的關係形成了研究的觀念性架構，（Conceptual Framework）〕。有什麼理論背景支持，或依據何種推理而形成的？

3. 如何將這些變數的定義，轉述成它們的操作性定義？

4. 要向哪些人進行研究？他們的特性如何？是否提出「樣本具有代表性」的證據？要向多少人進行調查？如何決定這樣的人數？

5. 用什麼研究方式（調查研究、實驗研究、觀察研究）來蒐集資料（在使用AHP分析法進行研究時，研究者會使用調查研究）？如果是用次級資料，有無說明資料的來源？其可信度及代表性如何？

6. 如果用調查研究，問卷中各變數的信度（一致性）、效度（代表性）如何？（在使用AHP分析法進行研究時，研究者無須進行變數的信度、效度檢定）如果用實驗研究，對於實驗變數有無做嚴密的控制？如果用觀察研究，是否有對研究者個人偏差所造成的影響減到最低？是否誠實的說明研究設計的缺點，以及這些缺點對研究結果的影響如何？

7. 以何種統計分析技術來分析資料？限制如何？如何克服這些限制？誤差的機率及統計顯著性的標準如何（在使用AHP分析法進行研究時，所使用的Expert Choice

軟體並不提供統計檢定值）？

8. 所獲得的研究結果是否基於資料分析的結果？所適用的條件及情形如何？研究的
建議是否根據研究的結論？研究的建議是否與研究目的環環相扣？

當學術研究者受企業的委託進行研究時，或者企業界人士（如企業的行銷研究部
門人員）進行研究時，上述的條件當然也一樣適用，但是要注意以下特定的情形：

1. 許多研究是屬於探索式的質性研究（見榮泰生著，《企業研究方法》，第13、14
章），因為研究主題不明，需要探索一番，以企圖發現一些創意。這類研究只要
清楚的說明研究問題的本質即可。

2. 許多研究常涉及到機密性，所以不會說明研究方法、程序及資料的來源等。有
時候企業甚至不讓競爭對手知道它正在進行研究。例如：康柏電腦（Compaq）
及IBM公司都不知道對方在推出低價位的桌上型電腦前，曾作過廣泛而深入的
研究。

3. 研究者在開始進行研究前，可能已經知道委託者所想要的答案，因此可能會投其
所好。事實上，一個資深的研究人員要「動手腳」來改變其研究結論是輕而易舉
的事，例如在品牌偏好的測試中，先問的那個品牌通常會有較高的偏好比例。[1]

▌個案研究法

個案研究法是質性研究中常用的方法。歷經多年的發展，個案研究法目前已被普
遍地應用到社會科學領域的研究，包括心理學、社會學、政治學、經濟學及應用領域
的都市計劃、公共建設、教育輔導等。個案研究法（Case Study Research Method）是
以細膩的手法，去記錄事情的本質與情節的脈絡；它是以實證的方式來探索真實世界
之當代現象的方法。準此，企業個案研究法（Business Case Study Research Method）
是以實證的方式，來探索商業世界之當代現象的方法。

個案研究的本質在於它試圖闡明一個或一組決策何以被採用、如何執行，以及會
有什麼樣的結果。[2]近年來，各學術領域的研究者使用個案研究法，來解決其研究問

[1] R. L. Day, "Position Bias in Paired Product Test," *Journal of Marketing Research*, February 1969, p.100. published by American Marketing Association.

[2] W. Schramm, Notes on Case Studies of Instructional Media Projects (Washington, DC: Working Paper, The Academy for Educational Development, December 1971). 這裡所謂的「常用」是依據學者的

題有漸增的趨勢。各學術領域可利用個案研究法來建立新理論、鞏固或挑戰舊理論、解釋情境、對某情境提供一個能夠提出解決方案的基礎（或原則、要領）、探索或描述研究個體（對象）與現象。應用在企業管理領域的個案研究法，可讓我們深入了解當代的、實際的組織決策者、消費者的心理變數（信念、態度、情緒等）、決策過程與行為。簡言之，個案研究法可讓我們深入了解複雜的議題、研究對象（人或事）及過程，或讓我們從另外一個角度闡釋過去的研究成果。個案研究法所強調的是針對有限數目的事件、情況或其關係（例如：什麼事件與什麼事件有關），來進行詳細的系絡分析（Contextual Analysis，是指對事件的有關環境或影響因素、來龍去脈的分析）。

在進行個案研究前，首先要對「研究單位」說明清楚是很重要的，是個人（員工）、部門（部門主管）、企業（企業負責人）？同時，研究對象可以是一人，也可以是若干人。由於研究者所研究的對象不多，不適合（但不是絕對不能）進行量化分析（如統計上的顯著性檢定），這就是個案研究法受到質疑的地方。以少數個案能建立研究發現的信度或一般化。此外，也有人質疑研究者與受訪者（研究對象）的密切互動，是否會扭曲所蒐集資料的可信度？有些人甚至認為，個案研究只適合進行探索性研究。

雖然質性研究曾被諷刺為「科學廢物」（Scientifically Worthless），因為它連最起碼的要求（例如：兩個消費群體的態度平均數差異性檢定）都作不到，但是它們在科學研究上還是扮演著相當重要的角色。一個設計嚴謹的個案研究，可以向「放諸四海皆準」的理論提出挑戰，並且能夠提供許多有創意的命題。

個案研究依其所具備之探索性（Exploratory）、描述性（Descriptive）與解釋性（Explanatory）的目標，而可以區分成探索式個案研究、描述式個案研究，以及因果式個案研究（又稱為解釋式個案研究）：[3]

1. 探索式個案研究：處理「是什麼（What）」的問題。例如：什麼方法能夠提升員工的工作動機。

2. 描述式個案研究：處理「誰（Who）」、「何處（Where）」的問題。例如：

「主觀判斷」或其研究背景、經驗而異。例如Cooper and Schindler（2003）認為：一般質性研究使用的方法有深度訪談法、焦點訪談法、觀察法、紮根理論、個案研究或歷史檔資料分析等方法。

[3] 葉重新，**教育研究法**（臺北：心理出版社，2001），p. 198-199。

誰不會去參加年終尾牙。

3.因果式個案研究：處理「如何（How）」與「為什麼（Why）」的問題。例如：何以某部門員工出勤率偏低、如何解決此問題。

探索式研究

一般而言，在進行探索式研究（Exploratory Study）時，研究者不需要有研究問題，也不需要建立「暫時性或預擬的假說」，他的主要目的就是要去探索。但在有些情況下，研究者需要更多的資訊，以使得暫時性的假說變得更為明確時，研究者也會去進行探索式研究。此時，檢索組織的資料庫中的有關資料，或審視公眾刊物也許會有幫助。如果研究者能夠就教於組織內外部的「有智」之士，可能會使他更能洞悉問題的所在。探索式研究的優點，就是能使研究者在有限的資料之下，進行小規模的研究。

當研究者對於在正式研究進行時所可能遇到的問題沒有清楚的概念時，最好先進行探索式研究。透過探索式研究，研究者會對概念（變數）以及變數之間的關係更加清楚，以使得正式進行研究時能夠針對主題、掌握重點。經過探索式研究後，如果發現研究問題並不如先前所認為的那麼重要，就可以放棄或者修正原先的研究，如此一來會更節省時間和金錢。

描述式研究

描述式研究（Descriptive Study，或稱敘述式研究）指的是蒐集一個情況的有關資料，它可能是敘述一個情況、行為，或它們之間的連結。一個好的描述往往是科學研究的開始，而一些專門性的描述式研究則以單一變數來分析資料。例如：它的組成要素為何？其發生的頻率為何？這些都是要進行更高層研究的重要基礎。[4]

在什麼情況下進行描述式研究？當研究者必須了解某些現象或研究主體的特性，以解決某特定的問題時。例如：透過訪談與觀察，描述並了解某位意見領袖的成長背景、態度、對最近發生某件大事的看法、消費習性的改變等，就會對何以廣告效果不彰、銷售量下滑的問題有個梗概。描述式研究可能是很單純的，也可能是很複雜的，並可以在不同的研究環境（例如：現場環境、實驗室環境）中進行。

如果研究對象是某個組織，則進行組織特性的描述性研究（如描述組織是否採

---

[4] Kenneth R. Hoover, The Elements of Social Scientific Thinking (N.Y.: St. Martin's Press, 1992), p. 47.

用彈性製造、其負債／權益比是多少、資本額有多少、員工與部門數有多少等），可讓其他企業了解針對此組織的研究發現是否具有外部效度，或外部效度的程度。換句話說，針對此組織的研究發現，在運用到其他組織時，可讓企業了解是否可全盤運用（如果組織特性類似）或應該保守運用（如果組織特性不同）。

因果式研究

對因果關係所建立的假說，需要比描述式研究更為複雜的方法。在因果式研究中，必須假設某一變數X（例如：廣告）是造成另一變數Y（例如：對於水族館的態度）的原因，因此研究者必須蒐集資料，以推翻或不推翻（證實）這個假說。同時，研究者也必須控制X及Y以外的變數。

二個（或以上）的變數之間具有關係，並不能保證這個關係是因果關係（Causal）。種瓜得瓜、重豆得豆，就是典型的因果關係。胡適說過：「要怎麼收穫（果），先怎麼栽（因）」，也是典型的因果關係敘述。因果關係至少表示了二個實體的或驗證的事件的關係（實證是指可以被我們的感官，例如：視覺、觸覺或嗅覺等，直接加以測量的現象），但是何者為因，何者為果，有時並不容易判斷及證明。例如：在撞球的遊戲中，我們看到B球撞到C球，而C球應聲落袋，我們不能「證明」B球「造成」C球入袋；我們觀察到的只是一連串的事件的一部分，因為B球可能是A球所造成的結果。

要證實X與Y有因果關係（X是造成Y的因），必須滿足下列三個條件：

1. X與Y有關係存在。
2. 此種關係是非對稱性的：也就是說，X的改變會造成Y的改變，但是Y的改變不會造成X的改變。
3. 不論其他的因素產生何種行動，X的改變會造成Y的改變。

一般而言，X（因）發生在Y（果）之前，但是有些定義允許因果同時發生。值得注意的是，沒有任何定義允許「果」發生在「因」之前。因果可具有對稱性的關係，也就是說，兩個變數互為因果（X是Y的因，Y是X的果；Y是X的因，X是Y的果）。但是在絕大多數的情況下，因果關係是非對稱性的；在時間上，X發生在Y之前。

我們可以用必要條件（Necessary Condition）與充分條件（Sufficient Condition）來看因果關係。如果除非X的改變，否則不會造成Y的改變，那麼X是Y的必要條件。如果每次X的改變都會造成Y的改變，那麼X是Y的充分條件。

研究的基本目的

研究的基本目的有四：(1)對現象加以報導（Reporting）；(2)對現象加以描述（Description）；(3)對現象加以解釋（Explanation）；(4)對現象加以預測（Prediction）。[5]

報導

對現象加以報導是研究最基礎的形式。報導的方式可能是對某些資料的加總，因此這種方式是相當單純的，幾乎沒有任何推論，而且也有現成的資料可供引用。比較嚴謹的理論學家認為報導稱不上是研究，雖然仔細的蒐集資料對報導的正確性有所幫助。但是也有學者認為調查式報導（Investigative Reporting，是報導的一種形式），可視為是質性研究（Qualitative Research）或臨床研究（Clinical Research）；研究專案不見得要是複雜的、經過推論的，才能夠稱得上是研究。[6]

描述

描述式研究在企業研究中相當普遍，它是敘述現象或事件的「誰、什麼、何時、何處及如何」的這些部分，也就是它是描述什麼人在什麼時候、什麼地方、用什麼方法作了什麼事。這類的研究可能是描述一個變數的次數分配，或是描述二個變數之間的關係。描述式研究可能有（也可能沒有）作研究推論，但均不解釋為什麼變數之間會有某種關係。在企業上，「如何」的問題包括了數量（數量如何成為這樣的？）、成本（成本如何變成這樣的？）、效率（單位時間之內的產出如何變成這樣的？）、效能（事情如何做得這樣正確的？），以及適當性（事情如何變得適當或不適當？）的問題。[7]

解釋

解釋性研究是基於所建立的觀念性架構（Conceptual Framework）或理論模式，

---

[5] D. R. Cooper and Pamela Schindler, *Business Research Methods* (New York, NY: McGraw-Hill Companies, Inc., 2003), pp.10-12.

[6] M. Levine, "Investigative Reporting as a Research Method: An Analysis of Berstein and Woodward's all the President's Men," *American Psychologist*, 35, (1980), pp. 628-638.

[7] E. O'Sullivan and G. R. Rassel, *Research Methods for Public Administrators* (New York: Longman, Inc., 1989), pp.19-39.

來解釋現象的「如何」及「為什麼」這二部分。例如：研究者企圖發現有什麼因素會影響消費者行為。他在進行文獻探討之後發現這些因素包括：(1)社會因素，包括角色、家庭影響、參考團體、社會階層、文化及次文化；(2)使用情況；(3)心理因素，包括認知、動機、能力及知識、態度、個性；(4)個人因素，包括人口統計因素、涉入程度。

接著他就進行實證研究發現：所有的因素都會影響消費者的行為，只是程度不同而已。然後他就必須解釋為什麼這些因素會影響消費者的行為，以及為什麼在程度上會有所差別。

預測

預測式研究是對某件事情的未來情況所作的推斷。如果我們能夠對已發生的事件（如產品推出的成功）建立因果關係模式，我們就可以利用這個模式來推斷此事件的未來情況。研究者在推斷未來的事件時，可能是定量的（數量、大小等），也可能是機率性的（如未來成功的機率）。

2-2　研究程序

專題研究具有清晰的步驟或過程。這個過程是環環相扣的。例如，研究動機強烈、目的清楚，有助於在進行文獻探討時對於主題的掌握；對於研究目的能夠清楚的界定，必然有助於觀念架構的建立；觀念架構一經建立，研究假說的陳述必然相當清楚。事實上，研究假說是對於觀念架構中各構念（變數）之間的關係、因果或者在某種（某些）條件下，這些構念（變數）之間的關係、因果的陳述。觀念架構中各變數的資料類型，決定了用什麼統計分析方法最為適當。對於假說的驗證成立與否就構成的研究結論，而研究建議也必須根據研究結果來提出。研究程序（Research Process）以及目前碩、博士論文的章節安排，如表2-1所示。

專題研究是相當具有挑戰性的，正因為如此，它會讓動機強烈的研究者得到相當大的滿足感。但不可否認的，專題研究的道路上是「荊棘滿布、困難重重」的。專題研究之所以困難，有幾項原因：(1)研究者沒有把握蒐集到足夠的樣本數資料，而這些樣本要能夠充分的代表母體）；(2)研究者必須合理的辨識干擾變數並加以控制；(3)研究者必須具有相當的邏輯推理能力及統計分析能力，包括對統計套裝軟體（如SPSS Basic、SPSS Amos）輸出結果的解釋能力。

表2-1　研究程序

步驟	碩、博士論文章節
1.研究問題的界定	
2.研究背景、動機與目的	1
3.文獻探討	2
4.觀念架構及研究假說	3
5.研究設計	
6.資料分析	4
7.研究結論與建議	5

▌循環性

　　我們可將研究程序視為一個迴圈（圖2-1）。研究者是從第一步驟開始其研究，在進行到「研究結論與建議」階段時，研究並未因此而停止。如果研究的結論不能完全回答研究的問題，研究者要再重新界定問題、發展假說，重新作研究設計。如此一來，整個研究就像一個循環接著一個循環（Circularity）。但在實際上，研究者受到其能力、經費及時間的限制，整個研究不可能因為求完美，而永無止境的循環下去。

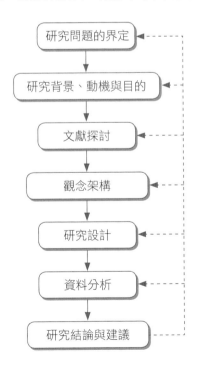

圖2-1　研究程序的迴圈

重複性

如果研究的結論可以對所要驗證的假說提出結果（不論是棄卻或不棄卻假說），我們可以說，這個研究是成功的。但是有時候，研究者可能會再度進行這項研究，以確信研究的結論並不是來自於意外或巧合。如果針對不同的樣本重複研究，其所獲得的研究結論與前次研究者相同，那麼這個研究就得到了相當的證實。

企業研究者應該將他的研究，設計得可以讓別人來重複他的研究。例如，如果某製藥廠商的研究人員建立了這樣的假說：新的避孕藥對婦女不會產生副作用，並針對10名婦女進行一週的研究，而所獲得的結論支持他的假說。如果其他的研究者，能夠針對不同的大樣本，進行無數次的長期研究，而且獲得相同的結論的話，則消費者就會更安心的服用這個避孕藥（如果有必要服用的話）。

雖然重複的研究是相當重要的事，但在實際上，很少研究者會真正地去重複別人的研究。他們會將先前研究的研究假說、樣本特性及問卷內容加以調整，來強化（改善）這個研究。不願意重複別人研究的原因，還包括研究經費的問題，以及怕別人譏笑為「炒冷飯」、「了無新意」等。

雖然所有的企業研究專案都會大致遵循上述的步驟，但是如何實現這些步驟，在不同的研究之間卻有很大的不同。在企業研究中，有些研究者是利用調查研究，也有些研究者是利用高度控制的實驗室實驗研究，還有其他的研究者，是利用非控制性的觀察研究。

企業研究是相當有趣的、具挑戰性的、具有極大的差異性，以及困難重重的。企業研究之所以困難，有幾項原因：(1)必須向許多人蒐集許多資料；(2)必須長期蒐集資料；(3)必須控制外在變數（以免混淆研究假說的測試）；(4)研究者必須具有道德感，不可使得研究個體（受測者）在身體上、心理上受到傷害。

以下我們將概述企業研究的每一步驟。

2-3　研究問題的界定

「問題」是實際現象與預期的現象之間，有偏差的情形。明確的形成一個研究問題並不容易，但是非常重要。研究者雖然由於智力、時間、推理能力、資訊的獲得及解釋等方面有所限制，因此在定義研究問題，設定研究目標時，並不一定能做得盡善

盡美，[8]但是如不將問題界定清楚，則以後各階段的努力均屬枉然。

　　研究問題的形成比問題的解決更為重要，因為要解決問題只要靠數學及實驗技術就可以了，但是要提出問題、提出新的可能性、從新的角度來看舊的問題，就需要創意及想像。[9]美國行銷協會（American Marketing Association, AMA, 1985）曾提到：「如果要在研究專案的各個階段中挑選一個最重要的階段，這個階段就是問題的形成。」在研究程序中，問題的界定非常重要，因為它指引了以後各階段的方向及研究範圍。

　　當一些不尋常的事情發生時，或者當實際的結果偏離於預設的目標時，便可能產生了「問題」（Problem）。此時研究人員必須要與管理者共同合作，才能將問題界定清楚。[10]管理者必須說明，研究的結果如何幫助他（她）解決問題、作決策，也必須說明造成問題的各種事件。這樣做的話，研究問題是可界定得更為清楚。

◎ 症狀與問題的確認

　　問題的確認涉及到對於現象的了解。有些企業問題的症狀很容易確認，例如：高的人員離職率、遊客人數在迅速成長一段時間後有愈來愈少的情形、員工的罷工、產品線的利潤下降、中小企業的利潤愈來愈薄等。這些情形並不是一個問題，而是一種症狀（Symptom）。症狀是顯露於外的現象（Explicit Phenomena），也就是管理當局所關心的東西，而問題才是造成這些症狀的真正原因。

　　在企業組織中，管理者會確認哪些症狀呢？這和他們的認知、問題的緊迫性有關。換句話說，管理者對於問題愈是具有敏銳性，以及問題愈是迫在眉睫，則對這個問題的確認會愈快、愈清楚。以下所提出的各項，有助於企業確認問題的所在：

1. 公司目前的狀況如何？有沒有需要特別關注的不良現象存在？

2. 目前的做事方式有沒有可以改進的地方？

3. 在可預見的未來，對公司的營運有不良影響的因素是什麼？

---

[8] 這是Herbert Simon（1947）所認為的「有限理性」（Bounded Rationality）的關係使然。如欲對有限理性及其相關的觀念加以了解，可參考：Herbert Simon, *Administrative Behavior*（臺北：巨浪書局，1957）；或榮泰生著，**策略管理學**，第五版，（臺北：華泰書局，2002）。

[9] Albert Einstein and L. Infeld, *The Evolution of Physics* (New York: Simon & Schuster, 1938), p. 5.

[10] P. W. Conner, "Research Request Step Can Enhance Use of Results," *Marketing News*, January 4, 1985, p. 41.

4.有沒有公司可以掌握的機會？

5.所確認的問題真的是一個問題嗎？還是另外一個問題的徵候？

6.對問題的確認是否有足夠的證據？

7.是否有必要進行研究來確認問題的存在？

▋研究問題的形成

在對企業問題加以確認之後，就要將這些問題轉換成可以加以探索的研究問題（Research Questions）。但未必所有的企業問題都可以轉換成研究問題，造成這個情形的可能原因有：(1)管理當局認為研究的成本會大於其價值；(2)進行研究來解決管理問題的需求並不迫切；(3)研究的主題是不能研究的（Unresearchable，例如所擬定研發的抗癌藥物施用於人體不僅違法，也不合乎道德標準）；(4)研究經費短缺、沒有合格的研究人員等。[11]

在定義問題之後，就要實際選擇所要研究的問題。在企業中，管理者所認為的優先次序，以及他們的認知價值決定了要進行哪一個研究。有關問題的形成應考慮的事項有：

1.對問題的陳述是否掌握了管理當局所關心的事情？

2.是否正確的說明問題的所在？（這真正是一個問題嗎？）

3.問題是否清晰的界定？變數之間的關係是否清楚？

4.問題的範圍是否清晰的界定？

5.管理當局所關心的事情，是否可藉著研究問題的解決而得到答案？

6.對問題的陳述是否有個人的偏見？

在對企業研究問題的選擇上，[12]所應注意的事項如下：

1.所選擇的研究問題與管理當局所關心的事情，是否有關聯性？

2.是否可蒐集到資料以解決研究問題？

3.其他的研究問題是否對於解決企業問題有更高的價值？

---

[11] Problem Definition, *Marketing Research Techniques*, Series No. 2 (Chicago: American Marketing Association, 1958), p. 5.

[12] 從事獨立研究者，其研究問題的選擇主要是受到典範（Paradigm）及價值觀的影響，有關這些可參考第一章的說明。

4.研究者是否有能力來進行這個研究問題？

5.是否能在預算及時間之內，完成所選擇的研究問題？

6.選擇這個研究問題的真正原因是什麼？

在學術研究上，研究者會確認哪些研究問題呢？這和他們的觀察敏銳度、相關文獻的涉獵有關。換句話說，研究者對於問題愈是具有敏銳性，以及對於有關文獻的探討愈深入，則對這個問題的確認會愈清楚。

在對學術研究問題的選擇上，所應注意的事項如下：

1.所選擇的研究問題是否具有深度及創意？

2.是否可蒐集到資料以解決研究問題？例如，針對醫院進行研究，是否有能力或「關係」蒐集到資料？

3.研究者是否有能力來進行這個研究問題？

4.是否能在所要求的時間之內，完成所選擇的研究問題？

5.選擇這個研究問題的真正原因是什麼？

◆ 2-4 研究背景、動機與目的 ◆

研究背景是扼要說明與本研究有關的一些重要課題，例如：研究此題目的重要性（可分別說明為什麼所要進行研究的變數具有關聯性，包括因果關係、為什麼研究這些變數的關係是重要的），同時如果研究的標的物是某產業的某產品，研究者要解釋為什麼以此產業、產品（甚至使用此產品的某些受測對象）為實證研究對象是重要的。

「研究動機與目的」是研究程序中相當關鍵的階段，因為動機及目的如果不明確或無意義，那麼以後的各階段必然雜亂無章。所以我們可以了解，研究動機及目的就像指南針一樣，指引了以後各階段的方向及研究範圍。

研究動機是說明什麼因素促使研究者進行這項研究，因此研究動機會與「好奇」或「懷疑」有關。不論是基於對某現象的好奇或者懷疑，研究者的心中，通常會這樣想：什麼因素和結果（例如：員工士氣不振、資金週轉不靈、網路行銷業績下滑、降價策略未能奏效等）有關？什麼因素造成了這個結果？

在「什麼因素和結果有關」這部分，研究者應如此思考：哪些因素與這個結果有關？為什麼是這些因素？有沒有其他因素？此外，研究者也會「懷疑」：如果是這些

因素與這個結果有關，那麼各因素與結果相關的程度如何？為什麼某個因素的相關性特別大？

在「什麼因素造成了這個結果」這部分，研究者應如此思考：哪些因素會造成這個結果？為什麼是這些因素？有沒有其他因素？此外，研究者也會「懷疑」：如果是這些因素造成了這個結果，那麼各因素影響的程度如何？為什麼某個因素影響特別大？

上述的「結果」大多數是負面的，負面的結果就是「問題」所在。「問題」（Problem）是實際現象與預期的現象之間，有偏差的情形。當然正面的結果也值得探索，以發現與成功（正面結果）有關的關鍵因素以及原因。

如前所述（2-1節），研究的目的有四種：(1)對現象加以報導（Reporting）；(2)對現象加以描述（Description）；(3)對現象加以解釋（Explanation）；(4)對現象加以預測（Prediction）。[13]因此，研究者應說明其研究的目的是上述的哪一種。

研究目的就是研究者想要澄清的研究問題，在陳述研究問題的陳述上，通常是以變數表示，例如：「造成某結果的各原因有哪些？哪個（哪些）原因最具有關鍵性」等。

研究背景與動機

近幾年來遭遇全球金融風暴，大環境的不景氣，不僅小公司紛紛倒閉，大公司也面臨裁員風波不斷的情況，面對市場人員縮編、裁撤的情形下，導致現在畢業的大學生失業率遠高於以往平均值，工作待遇也比以往來的差，而自行創業自然也成了現在的畢業生所考慮的方向之一。為了鼓勵民眾自行創業，近年來，政府透過各式補助以及舉辦各種創業比賽，各式微型創業活動因此風起雲湧，如何開創自己的新事業成了全民運動。對於年輕極富創造力的社會新鮮人，對於創業的議題可說是十分關注。因此，本研究希望透過各領域中小企業家成功創業的實際案例分析，提供給對創業有興趣的年輕學子更清楚的創業方向以及實施目標。

雖然台灣中小企業能存活過第一年的只有20%，但是新興的創業仍是前仆後繼。自行創業存在著極大的不確定性風險，在競爭激烈與變化莫測的市場上，每年都有許

---

[13] D. R. Cooper and Pamela Schindler, *Business Research Methods* (New York, NY: McGraw-Hill Companies, Inc., 2003), pp.10-12.

多企業被淘汰，卻也有許多不畏懼失敗的創業家，依舊開拓自己的一片事業。當然，創業成功的例子也不在少數，能成功的創業者之所以能不同於其他人，承受這種不確定風險與來自市場的壓力，一定是具有某些特有的人格特質，其創業動機、經營策略、市場方向等等必有過人之處，本研究欲藉此分析成功創業者所擁有的特質。

自行創業的蓬勃發展使得創業的相關研究也像雨後春筍般出現，在國內外都各成一門顯學，各種說法也是眾說紛紜。創業研究的焦點，包括：創業者人格特質、創業機會認知及辨識、創業策略、創業績效、創業導向及創業對經濟之貢獻等，其中創業者的人格特質是最熱門的議題之一，但本研究認為其實創業的成功除了取決於內在因素，外在因素的影響也是息息相關，故有其內在因素外，更把外在因素考慮進去；以期能以更周全的研究架構，找出具代表性的關鍵因素。

研究目的

近年來創業熱潮持續高漲也蔓延至校園，創業亦成為學校畢業後職涯選擇的重要選項，但僅憑一股熱情或理想貿然投入資金創業，將是一件高風險的事情，希望透過本研究能讓有志創業青年能在經濟不景氣中尋找創業路徑，培養創業能力，減少挫折，邁向創業成功之路。在變化迅速的市場下，商品或服務的產品週期縮短，競爭更加劇烈，找出創業能夠成功存活的關鍵因素是本研究的主要目的。

研究範圍

台灣的中小企業在台灣的經濟發展過程中一直扮演著相當重要的角色，特別是中小企業的那種創業家精神，傳承了自古以來台灣人吃苦耐勞並且勇於挑戰的特質，更可以說是推動經濟的一大動力。根據2008年中小企業白皮書，到2007年台灣企業的總家數為1,266,664家，其中中小企業的總家數為1,236,586家，約占了全部企業的97.63%；而中小企業所雇用的員工人數已超過7,939百萬人，約占全台灣企業員工的77.12%；中小企業的總營業額已超過10兆台幣，大約占了全體企業營業額的32.49%，其出口值高達1兆6千億元以上；而在2007年新創業的中小企業有92,957家，其中服務業（如批發、零售、餐廳、旅館等）約占八成以上，這反映著台灣社會發展的趨勢，已經轉變為密集的服務業型態。故本研究以台灣地區中小企業為主要研究對象。本研究對中小企業的定義是依據經濟部「中小企業認定標準」（2005年7月修訂）第二條規定。

◆ 2-5　文獻探討 ◆

　　文獻探討，又稱為探索（Exploration），就是對已出版的相關書籍、期刊中的相關文章、或前人做過的相關研究加以了解。除此之外，研究者還必須向專精於該研究主題的人士（尤其是持反面觀點的人士）請教，俾能擴展研究視野。

　　由於網際網路科技的普及與發展，研究者在做文獻探討時，可以透過網際網路（Internet）去檢索有關的研究論文。例如：進入「全國博碩士論文資訊網」（http://datas.ncl.edu.tw/theabs/1/）。

　　文獻探討的結果可以使得研究者修正他的研究問題，更確定變數之間的關係，以幫助他建立研究的觀念架構。

　　在撰寫專題學術論文方面，文獻探討分為幾個層次：(1)將與研究論文有關的文獻加以分類臚列；(2)將有關的論文加以整合並加以比較；(3)將有關的論文加以整合並根據推理加以評論。顯然，第二層次比第一層次所費的功夫更多，第三層次比前兩個層次所費的思維更多。在臺灣的碩士論文中，能作到第二層次的比較多；在美國的學術論文中，如MIS Quarterly、Journal of Marketing，所要求的是第三層次。

　　在「創業關鍵成功因素之探討」研究專題中，有關文獻探討部分限於篇幅，請讀者參考原論文。

◆ 2-6　觀念架構 ◆

　　在對於有關的文獻做一番探討，或者做過簡單的探索式研究（Exploratory Study）之後，研究者可以對於原先的問題加以微調（Fine-tuning）或略為修改。此時對於研究問題的界定應十分清楚。

　　研究者必須建立觀念架構。觀念架構（Conceptual Framework）描述了研究變數之間的關係，是整個研究的建構基礎（Building Blocks）。研究目的與觀念架構是相互呼應的。

　　在「創業關鍵成功因素之探討」研究專題中，所建立的觀念架構是這樣的：

創業關鍵成功因素	創業（家）精神	自主與自律
		社會網絡經營
		創新突破
		領導溝通
	組織	產品／服務
		實體資源
		人力資源
		技術資源
		財務資源
		經營策略
	環境	不確定性風險
		政府／法令
		市場需求
		相關產業支持

　　圖2-2所顯示的是一般量化研究觀念架構的表示法。圖形中的箭頭表示「會影響」，直線（無箭頭）表示「有關係」。

關聯式（A與B有關聯性）

因果式（A與B是造成C的原因）

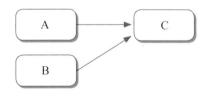

互動式（B為干擾變數、A與B有互動作用）

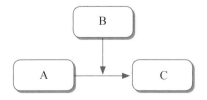

圖2-2　觀念架構的表示法

◆ 2-7　研究設計 ◆

研究設計（Research Design）可以被視為是研究者所設計的進程計畫，在正式的進行研究時，研究者只要「按圖索驥」即可。研究設計是實現研究目的、回答研究問題的藍本。由於在研究的方法、技術及抽樣計畫上有許多種類可供選擇，因此如何作好研究設計是一件極具挑戰性的工作。

例如：我們可能是用調查、實驗或觀察來蒐集初級資料。如果我們選擇的是調查研究，是要用郵寄問卷、電腦訪談、電話訪談，還是人員訪談？我們要一次蒐集所有的資料，還是分不同的時間來蒐集（**用縱斷面研究，還是橫斷面研究**）？問卷的種類如何（**是否要用隱藏式的或直接的，還是用結構式的或非結構式的**）？問題的用字如何？問題的次序如何？問題是開放式的，還是封閉式的？會造成反應誤差〔由於企業研究（例如：實驗室研究）的人工化，以及（或者）研究者的行為對研究變數（如「創業家精神」）所造成的影響〕嗎？如何避免？要對資料蒐集人員做怎樣的訓練？要用抽樣還是普查的方式？要用怎樣的抽樣方式（**機率或非機率抽樣，如果採取其中一種方式，要用哪一種抽樣方法**）？以上的各問題只不過是在考慮使用調查研究之後，所要考慮的部分問題。

▌研究設計的6W

我們可以用6W來說明研究設計。這6W是What、Who、How、When、How Many、Where。如表2-2所示。

表2-2　研究設計的6W

6W	所涉及到的問題	論文中的內涵（標題）
What	變數的操作性定義是什麼？	操作性定義
	問卷題號及問題（說明所要蒐集的變數）與設計內容（測量該變數的題項）是什麼？	問卷設計
Who	研究的分析單位是誰？	分析單位
How	如何蒐集初級資料？	資料蒐集方法
	如何分析資料？	資料分析
	如何決定受訪者？	抽樣計畫──抽樣方法
How Many	要向多少受訪者蒐集資料？	抽樣計畫──樣本大小決定
When	何時開始蒐集資料？何時結束？	時間幅度
	蒐集何時的資料？	
Where	在何處蒐集資料？	地點

What

操作性定義

研究者也必須對研究變數的操作性定義加以說明。操作性定義（Operational Definition）顧名思義是對於變數的操作性加以說明，也就是此研究變數在此研究中是如何測量的。操作性定義的作成，當然必須根據文獻探討而來。而所要作「操作性定義」的變數，就是觀念性架構中所呈現的變數。換言之，研究者必須依據文獻探討中的發現，對觀念性架構中的每個變數下定義。對變數「操作性定義」的說明可以比較「口語化」，而變數的操作性定義便是問卷設計的依據，從這裡我們又看出「環環相扣」的道理。

操作性定義（Operational Definition）是具有明確的、特定的測試標準的陳述。這些陳述必須要有實證的參考物（Empirical Referents），也就是說，要能夠使我們透過感官來加以計數、測量。研究者不論是在定義實體的東西（例如：個人電腦）或者是抽象的觀念（例如：個性、成就動機），都要說明它們是如何的被觀察的。

要了解操作性定義，先要了解「觀念」。有關「觀念」的說明如下：

「觀念」是所有思想與溝通的基礎，但是我們極少注意到它們是什麼以及在使用上所碰到的問題。大多數的研究缺點，都源自於對於「觀念」的界定不清所致。研究者在發展假說時，必須利用到「觀念」；在蒐集資料、測試假說時，必須要利用到測量的觀念。有時候我們還必須創造（發明）一些新的觀念，來解釋我們的研究及研究發現。一個研究是否成功取決於：(1)研究者對於「觀念」的界定是否清楚；以及(2)別人是否能理解研究中的「觀念」。

例如：我們在調查受測對象的「家庭總收入」時，如果不將此觀念說明清楚，受測對象所提供的答案必然是「一個觀念，各自表述」的。要清楚的說明「家庭總收入」這個觀念，我們至少必須界定：(1)時間幅度（是一週？一個月？或者一年）；(2)稅前或稅後；(3)家長的收入或全部家庭成員的收入；(4)薪資或工資，有無包括年終獎金、意外的收入、資本財收入等。

在企業研究中，我們在「觀念」的使用上會遇到更多的困難。原因之一在於：人們對於同一個標記下的觀念會產生不同的理解（賦予不同的意義）。人們對於有些「觀念」的了解大多是一致的，在研究的溝通上（例如：以問卷填答）也不成問題，這些觀念包括：紅色、貓、椅子、員工、妻子等。但是有些觀念則不然，這些觀念包括：家計單位、零售交易、正常使用、重度使用者、消費等。更具挑戰性的是，有些

觀念看似熟悉，但卻不易了解，例如：領導力、激勵、個性、社會階層、家庭生命週期、官僚主義、獨裁等。在研究文獻中，「個性」這個觀念就有四百多種的定義。[14]

以上說明的各個觀念在抽象的程度上各有不同，在是否具有客觀的參考物（Objective Referents）上也不一樣。「個人電腦」是一個客觀的觀念，因為它有客觀的參考物（我們可以明確的指出什麼是個人電腦）。但是有些觀念（如正義、友情、個性等）並沒有客觀的參考物，也很難加以視覺化，這些抽象的觀念稱為構念。

「定義」（Definition）有許多類型，我們最熟悉的一種是字典定義（Dictionary Definition）。在字典裡，「觀念」是用它的同義字（Synonym）來定義的。例如：顧客的定義是「惠顧者」；惠顧者的定義是「顧客或客戶」；客戶的定義是「享受專業服務的顧客，或商店的惠顧者」。這種循環式的定義（Circular Definition）在日常生活中固然可以幫助溝通、增加了解，但是在研究上應絕對避免。在專題研究中，我們要對各「觀念」做嚴謹的定義。

我們可將觀念與操作性定義的差異，匯總說明如下：

通常研究的主體（或稱實證事件），在觀念層次上包含對象（Objects）及觀念（Concepts）兩個內容（例如：「中產階級的社會疏離感」就是實證事件，其對象部分為中產階級，其觀念部分為社會疏離感）。「性別」這個觀念並不複雜，但在專題研究上，有許多複雜的觀念，例如：社會疏離感、信念、認知偏差、種族偏見等皆是。

研究者將觀念經過操作性定義（Operational Definition）的處理之後，將更為方便觀察到（或調查到）代表著這個觀念的各次觀念，研究者再以數字（或標記）指派到每一個次觀念上（也就是決定測量的方式），以便進行統計上的分析。

一般而言，由操作性定義發展到測量工具是沒有什麼問題的。在研究設計上，最難克服的問題在於將觀念這個觀念層次（Conceptual Level）的東西，轉換成操作性定義這個實證層次（Empirical Level）的東西，而不失其正確性。圖2-3 表示此兩者之間的關係，由圖中可知研究者所需了解的是測量和真實（原來的觀念）之間的「同構」（Isomorphic）的程度。換句話說，研究者希望藉由測量來探知真實的構形（Configuration），以期對真實現象有更深（**更正確**）的了解。同構程度愈高，即表示測量的效度愈高。

---

[14] K. R. Hoover, *The Elements of Social Scientific Thinking*, 5th ed. (New York: St. Martin's Press, Inc., 1991), p. 5.

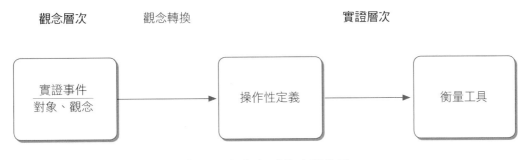

圖2-3　觀念與測量的關係圖

　　同樣一個觀念中可能包括了許多次觀念，研究者在依據經驗判斷、邏輯推理或參考相關文獻之後，可發展出一些操作性定義來涵蓋這個次觀念，希望對於原來的觀念可作更完整的探討。這些操作性定義可能是對的，也可能對了一部分，甚至有可能是錯的，如圖2-4所示。

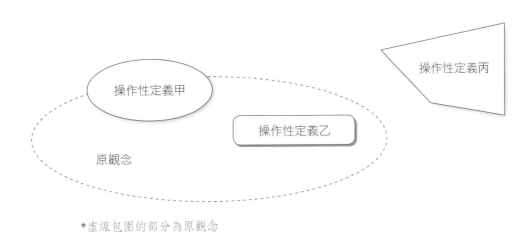

*虛線包圍的部分為原觀念

圖2-4　觀念與操作性定義的關係圖

　　圖2-4中操作性定義甲只觸及了觀念的邊緣，定義乙則正確的掌握了原觀念的部分內涵，而定義丙則為錯誤的操作性定義（它可能是探討其他不同的觀念）。如果某公司在考績／工作績效評等（這是一個觀念）上，列有學歷、完工件數及忠貞愛國等評分欄；就學歷而言，高的學歷並不表示高的工作績效（這種情形類似定義甲）；完工件數則實際與工作績效有密切的關係（類似定義乙）；而員工是否忠貞愛國，則與工作績效無關（類似定義丙；可能測試的是其他的觀念）。若要對真實觀念有正確的

了解，則需要更多正確的操作性定義，來共同描繪出真實的觀念，以達到同構的要求（或者理想）。

在「創業關鍵成功因素之探討」研究專題中，我們對於研究變數下各構面的操作性定義如下：

創業關鍵成功因素	創業家精神	自主與自律	強調在充滿挑戰的創業過程中，創業家能夠自主、自律，重視企業道德和社會責任，堅持信念、努力達成目標的程度，以及能夠面對壓力做好心理調適的程度。
		社會網絡經營	重視能夠妥善經營人脈，來提升成功機會的能力。
		創新突破	強調的是創業家是否具有前瞻性的眼光與創業，來提升組織的競爭力。
		領導溝通	著重的是能否對組織內外的利害關係人，發揮領導影響能力和溝通技能。
	組織	產品／服務	產品是指在交換的過程中，對交換的對手而言具有價值，並可在市場上進行交換的任何標的；服務是由提供服務的一方借助人員或機器的力量，施加於接受服務的一方或其所有物的一種非實體的行動表現與努力過程。
		實體資源	是指企業在從事生產與管理工作時所運用到的有形資產，包括廠房設備、土地等，有些企業也擁有許多礦產、能源等自然資源。
		人力資源	包括一般與特殊人力資源，前者是指一般的工作者，而後者則是指具有特定產業知識的專業人力，以及先前具有創業經驗之創業人力資本。
		技術資源	包括實驗室、研發設備、品質測試與管制技術等，經由研發產生的知識，可透過專利、著作權、營業機密保護。
		財務資源	指的是企業家所有的各種財務資產的總和，包括具體表現在企業財務報表上的各類資金。
		經營策略	包括組織的商業模式、管理能力、策略、領導、組織結構等。
	環境	不確定性風險	對於未來事件發生的可能性，無法用機率的形式來表示的模糊狀態，並且是一種客觀存在，無論企業管理者的意願或主觀動能性如何，其結果都無法控制和精確的預測。
		政府／法令	政府透過政策工具與手段會改變產業的競爭環境與條件，而產業的發展也會影響政府的投資意願與輔助態度。
		市場需求	消費需求的多樣性與層次性，使得消費者的需求並非固定或有一定限度，人口及其構成、收入水平、商品價格的高低、商品供應情況的變化及政治法律和需求觀念的變化，皆為影響市場需求的因素。
		相關產業支持	當上游產業具備國際競爭優勢時，它對下游產業造成的影響是多方面的，使整體產業的競爭力都能夠提升。

問卷設計

研究者必須說明問卷設計的方式。專題研究論文的整份問卷可放在附錄中，但在研究設計中應整體性的、扼要的說明問卷的構成，例如要說明：問卷的第一題是蒐集

有關「在創業關鍵成功因素中，各構面的相對重要性為何？」的資料。

　　設計問卷是一種藝術，需要許多創意。幸運的是，在設計成功的問卷時，有許多原則可茲運用。首先，問卷的內容必須與研究的觀念性架構相互呼應。問卷中的問題必須盡量使填答者容易回答。譬如說，打「✓」的題目會比開放式的問題容易回答。除非有必要，否則不要去問個人的隱私（例如：所得收入、年齡等）。必須讓填答者勾出代表某項範圍的那一格，而不是直接填答實際的數據。用字必須言簡意賅，對於易生混淆的文字也應界定清楚（例如：何謂「好」的社會福利政策？何謂「創業家精神」？）。值得一提的是，先前的問題不應影響對後續問題的回答（例如：前五個問題都是在問對政黨的意見，這樣會影響「你最支持哪一個政黨？」的答案）。

　　在正式地使用問卷之前應先經過預試（Pretests）的過程，也就是讓受試者向研究人員解釋問卷中每一題的意義，以早期發現可能隱藏的問題。在問卷設計時，研究者必須決定哪些問題是開放性的問題（Open-ended Questions），哪些問題是封閉性問題（Close-ended Questions）。

　　封閉性問題通常會限制填答者作某種特定的回答，例如：以選擇或勾選的方式來回答「你認為下列哪一項最能說明你（妳）參加反核運動的動機？」這個問題中的各個回答類別（Response Category）。開放性問題是由填答者自由地表達他（她）的想法或意見（例如：「其他重要的創業成功因素」、「對自我未來期許」、「對公司未來展望」）。這類問題在分析、歸類、比較、電腦處理上，會比較費時費力（或者可藉助一些質性資料分析軟體，如QDA Miner、NVivo、ATLAS.ti等）。

　　在「創業關鍵成功因素之探討」研究專題中，封閉性問題如下：

因素A	超重要	很重要	重要	稍重要	同重要	稍重要	重要	很重要	超重要	因素B
	9	8	7	6	5	4	3	2	1	2	3	4	5	6	7	8	9	
創業家精神																		組織
創業家精神																		環境
組織																		環境

　　在「創業關鍵成功因素之探討」研究專題中，開放性問題如下：

其他重要的創業成功因素（自由選答）：

對自我未來期許（自由選答）：

對公司未來展望（自由選答）：

Who——分析單位

每項研究的分析單位（Unit of Analysis）也不盡相同。分析單位可以是企業個體、非營利組織及個人等。

大規模的研究稱為總體研究（Macro Research）。任何涉及到廣大地理區域，或對廣大人口集合（如洲、國家、州、省、縣）進行普查（Census），都屬於總體研究。分析單位是個人的研究稱為個體研究（Micro Research）。但是以研究對象的人數來看，總體、個體研究的分界點在哪裡？關於這一點，研究者之間並沒有獲得共識。也許明確地說明分界點，並沒有什麼意義，重要的是在選擇適當的研究問題時，要清楚地界定分析單位，應用適當的分析單位。

在以「創業關鍵成功因素之探討」研究專題中，我們所選擇的個案如下：

受訪個案	所屬產業	創業年資／創業年齡	經營狀況
里昂尼義麵坊	餐飲服務業	5年／27歲	員工90人
法哥餐廳	餐飲服務業	20年／25歲	員工6人
東門鴨莊	餐飲服務業	27年／25歲	員工11人
大喜旅行社	觀光旅遊業	10年／45歲	員工3人
米奇科技股份有限公司	資訊電子業	7年／29歲	員工6人
尚芳國際興業股份有限公司	電子製造業	20年／28歲	員工200人
臺灣博科企業有限公司	進出口貿易	7年／43歲	員工8人
廣奕貿易	進出口貿易	30年／25歲	員工18人

How、How many

蒐集初級資料的方法

研究者必須設計如何來蒐集資料。在三種蒐集初級資料的方法（調查法、實驗法、觀察法）中，由於我們要用AHP進行資料分析，所以必須使用最適當的調查法。

調查研究（Survey Research）是在蒐集初級資料方面相當普遍的方法。經過調查研究所蒐集的資料，於分析之後，可以幫助我們了解人們的信念、感覺、態度、過去的行為、現在想要做的行為、知識、所有權、個人特性及其他的描述性因素（Descriptive Terms）。研究結果也可以提出關聯性（Association）的證據（例如：

人口的密度與犯罪率的關係），但是不能提出因果關係的證據（例如：人口密度是造成犯罪的原因）。[15]

調查研究是有系統地蒐集受測者的資料，以了解及（或）預測有關群體的某些行為。這些資訊是以某種形式的問卷來蒐集的。

調查法依研究目的、性質、技術、所需經費的不同，又可細分為人員訪談（Personal Interview）、電話訪談（Telephone Interview）、問卷調查（Questionnaire Sürvey）及電腦訪談（Computer Interview）。近年來由於科技的進步，在調查技術上也有相當突破性的發展。

人員訪談是以面對面的方式，由訪談者提出問題，並由受訪者回答問題。這是歷史最久、也是最常用的資料蒐集方式。人員訪談的主要優點是：

1.能彈性改變詢問的方式及內容，以獲得真正的答案。

2.有機會觀察受訪者的行為。

3.受訪者可事先作準備。

人員訪談的主要缺點是，需要較長時間的準備和作業時間。值得了解的是，人員訪談是一種藝術，它需要：

1.面談的經驗。

2.建立進行的步驟。

3.與受訪者建立互信。

4.清楚的提出問題。

5.避免對事件的爭辯。

人員深度訪談（In-depth-interview，IDI）包括：(1)一對一深度訪談，(2)二人、三人深度訪談，(3)成對訪談。

1.一對一深度訪談。一對一深度訪談（One-on-one In-depth Interview，或簡稱One-on-one）通常進行30～90分鐘，依照所討論的議題及情況的不同而異。訪談地點可以是研究者辦公室、受訪者家裡或辦公室、公共場所（例如某餐廳）。菁英訪談（Elite Interview）就是訪談組織、社區內具有影響力的人士，或消息靈通人士。

---

[15] 嚴格的說，要看出變數之間的因果關係應該用實驗法。

2. 二人、三人深度訪談。二人（Dyads）、三人（Triads）深度訪談的受訪談者，通常是同一家庭的成員、同一企業的成員，而這些成員會使用同樣的產品或服務，或共同制定購買決策。

3. 成對訪談。成對訪談（Paired Interviews）是指訪談對象具有「成對」關係，例如夫妻、父子等。

資料分析

研究者必須說明將利用什麼統計技術來分析觀念架構中的各變數，並且要說明利用什麼版本軟體中的什麼技術處理那變數。大多數的論文，在研究設計的資料分析階段，都是在以統計技術為標題來撰寫。這種方式不甚恰當，應該分別說明對於研究問題、或者什麼假說將用什麼統計技術來進行資料分析。

抽樣計畫

研究人員必須決定及說明要用什麼抽樣方法、樣本要有什麼特性（即抽樣對象），以及要對多少人（即樣本大小）進行研究。

幾乎所有的調查均需依賴抽樣。現代的抽樣技術是基於現代統計學技術及機率理論發展出來的，因此抽樣的正確度相當高，再說即使有誤差存在，誤差的範圍也很容易的測知。

抽樣的邏輯是相對單純的。我們首先決定研究的母體（Population），例如全國已登記的選民，然後再從這個母體中抽取樣本。樣本要能正確的代表母體，使得我們從樣本中所獲得的數據，最好能與從母體中所獲得的數據是一樣正確的。值得注意的是，樣本要具有母體的代表性是相當重要的；換句話說，樣本應是母體的縮影，但是這並不是說，母體必須是均質性（Homogeneity）的。機率理論的發展可使我們確信相對小的樣本，亦能具有相當的代表性，也能使我們估計抽樣誤差，減少其他的錯誤（例如：編碼錯誤等）。

抽樣的結果是否正確與樣本大小（Sample Size）息息相關。由於統計抽樣理論的進步，即使全國性的調查，數千人所組成的樣本亦頗具代表性。根據Sudman（1976）的研究報告，全美國的財務、醫療、態度調查的樣本數，也不過是維持在千人左右；有25%的全國性態度調查，其樣本數僅有500人。[16]

在理想上，我們希望能針對母體做調查。如果我們針對全台灣人民作調查，發

---

[16] Seymour Sudman, *Applied Sampling* (New York: Academic Press, 1976).

現教育程度與族群意識成負相關，我們對這個結論的相信程度自然遠高於對1,000人所作的研究。但是全國性的調查不僅曠日廢時，而且所需的經費又相當龐大，我們只有退而求其次，進行抽樣調查。我們可以從母體定義「樣本」這個子集合。抽樣率100%表示抽選了整個母體，抽樣率1%表示樣本數占母體的1%。

我們從樣本中計算某屬性的值（又稱統計量，例如樣本的所得平均），再據以推算母體的參數值（Parameters，例如母體的所得平均）的範圍。

我們應從上（母體）到下（樣本或部分母體）來進行，例如從200萬個潛在的受訪者中，抽出4,000個隨機樣本。我們不應該由下而上進行，也就是不應該先決定最低的樣本數，因為這樣的話，除非我們能事先確認母體，否則無法（或很難）估計樣本的適當性。不錯，研究者有一個樣本，但是是什麼東西的樣本呢？

例如，我們的研究主題是「台北市民對於交通的意見」，並在Sogo百貨公司門口向路過的人做調查，這樣的話，我們就可以獲得適當的隨機樣本嗎？如果調查的時間是上班時間，那麼隨機調查的對象比較不可能有待在家的人（失業的人、退休的人）。因此，在上班時間進行調查的隨機樣本雖然是母體的一部分，但是不具有代表性，因此不能稱為是適當的隨機樣本。但是如果我們研究的主題是「上班時間路過今日百貨公司者對於交通的意見」，那麼上述的抽樣法就算適當。從這裡我們可以了解：如果我們事前有台北市民的清單，並從中抽取樣本，那麼樣本不僅具有代表性，而且其適當性也容易判斷。

一般而言，抽樣設計可分為機率抽樣（**母體中各元素被抽取的機率為已知**）與非機率抽樣（**以研究者的判斷來選擇樣本**）兩種。值得注意的是，機率為已知（Known Chance）與機率為相等（Equal Chance）這兩個意義不一樣，前者是研究者可以計算出每一個元素被選擇的機率。機率抽樣：包括簡單隨機抽樣法、系統抽樣法、分層抽樣法以及集群抽樣法。非機率抽樣：包括便利抽樣法、配額抽樣法、立意抽樣法、判斷抽樣法。在「創業關鍵成功因素之探討──AHP分析法」研究專題中，我們使用的是便利抽樣法。我們現在說明非機率抽樣。

便利抽樣法。顧名思義，便利抽樣法純粹以便利為基礎的一種抽樣法，樣本的選擇僅考慮到獲得或衡量的便利，譬如說，調查者在水族館前訪問參觀者即是一例。

配額抽樣法。配額抽樣法是作到「樣本多少具有母體的代表性」。首先將母體分為若干個次群體，然後再以先前決定的配額數（**總抽樣數**）來決定每個次群體的配額數（**樣本數**），以使得各類別的樣本數來看，樣本的組成好像是母體組成的縮影。分類的類別可以是單向度的（例如：**年齡**）、雙向度的（例如：**年齡、性別**），或者三

向度的（例如：年齡、性別、教育程度）。表2-3顯示了針對大海大學的學生進行雙向度配額抽樣的結果。在表中，由於在母體中，有14%的學生是大一男生（共1,400人），因此在100個配額數中大一男生應是14人。

表2-3　雙向度配額抽樣法之例

年級 \ 學生	大海大學的學生 母體10,000人		各類別樣本數 總配額數為100人	
	男生	女生	男生	女生
大一	1,400	1,200	14	12
大二	1,300	1,100	13	11
大三	1,100	1,000	11	10
大四	1,000	900	14	9
研究生	600	400	6	4

　　然後依照同樣的方法，再決定其他次母體（Subpopulation）樣本的大小。在實際訪談時，對每一個訪問員指派「配額」，要他在某個次母體中訪問一定數額的樣本單位。

　　立意抽樣法。立意抽樣法是指研究者以某種先前設定的標準，來進行抽樣。在這種情況下，即使研究者知道這些樣本不具有母體的代表性，但還是以這些樣本作為研究對象。例如：研究者刻意找某些工程師來評估其「個人數位助理」，以作為產品設計改進的參考。

　　判斷抽樣法。判斷抽樣法顧名思義是靠研究者的判斷，來決定樣本。研究者必須對於母體有相當程度的了解，才能夠發揮判斷抽樣法的功用。判斷抽樣法中，有一種方式是雪球抽樣法（Snowball Sampling），這種方法是利用隨機方法來選取原始受訪者，然後再經由原始受訪者的介紹或者提供的資訊，去找其他的受訪者。雪球抽樣法的主要目的之一，就是方便我們去調查母體中具有某種特殊特性的人。

　　在抽樣時，我們必須決定要從母體中抽取多少樣本，才能夠達成我們的研究目標。一般人誤以為樣本應愈大愈好，因此認為20,000人所組成的樣本會比2,000人來得好。1936年，文藝文摘的慘痛經驗（Literary Digest fiasco）告訴我們：樣本寧可短小精幹（具有母體的代表性），而不要大而無當。[17]研究者固然必須說明樣本大小是

---

[17] 該研究抽取了二百萬個樣本，但對於母體母數（Parameter，例如母體的平均數）的估計非常不準確，因而枉費了大量的時間及成本。

如何決定的，但是以非機率抽樣的方式所得到的樣本，並不能讓我們計算抽樣誤差，並作統計推定，因此不能決定樣本的最適大小。

When——時間幅度

時間幅度是指研究是涉及到某一時間的橫斷面研究（Cross-sectional Study），還是涉及到長時間（不同時點）的縱斷面研究（Longitudinal Study）。

研究可以「對時間的處理」的不同，而分為橫斷面研究與縱斷面研究。橫斷面研究是在某一時點，針對不同年齡、教育程度、所得水準、種族、宗教等，進行大樣本的研究。相形之下，縱斷面研究是在一段時間（通常是幾個星期、月，甚是幾年）來蒐集資料。顯然縱斷面研究的困難度更高、費用更大，也許就因為這樣，研究者通常會用小樣本。如果在不同的時點，所採用的樣本都是一樣，這種研究就是趨勢研究（Trend Analysis）。縱斷面研究的資料，亦可能由不同的研究者在不同的時點來提供。

調查研究是詢問受測者一些問題的方法。這些問題通常是他們的意見或是一些事實資料。在理論上，調查研究是屬於橫斷面研究，雖然在實際上問卷回收的時間可能要費上數月之久。橫斷面研究的典型類型是普查。普查是在同一天，對全國的民眾進行訪談。

以一般問卷調查、人員訪談的方式蒐集資料，則應說明時間，例如2009年8月13日。

Where——地點

研究者必須說明在何處蒐集資料。如以網路問卷進行調查，則無地點的問題。如以一般問卷調查、人員訪談的方式蒐集資料，則應說明地點，如榮老師教室、xx公司總經理辦公室、里昂尼餐廳等。

▍預試

在正式的、大規模的蒐集資料之前，我們進行預試（Pilot Testing）。預試的目的在於早期發現研究設計及測量工具的缺點並做修正，以免在大規模的、正式的調查進行之後，枉費許多時間與費用。研究者必須說明預試的期間與進行方式。

我們可以對母體進行抽樣，並對這些樣本進行模擬，以了解消費者的反應，並可以改正問卷的缺點（哪些問題很難回答、哪些問題太過敏感等）。通常預試對象的人

數不等，視所選擇的研究方法而定。在預試中受測的樣本不必經過正式的統計抽樣來決定，有時只要方便即可。值得注意的是：受測者在接受預試之後，對於所測試的主題會有比較深入的了解，在正式測試時會造成一些偏差現象，這種偏差稱為「事前測量誤差」。

◆ 2-8　資料分析 ◆

研究者必須交代資料分析的經過。利用Expert Choice進行資料分析可以看出各層級構面的權重，進而說明關鍵成功因素。詳細的說明，見第三、四章。

◆ 2-9　研究結論與建議 ◆

資料經過分析後的結果，將可使研究者回答研究問題。研究者應解釋此研究在企業問題上的涵義。研究建議應具體，使企業有明確的方向可循、有明確的行動方案可用，切忌曲高和寡、流於空洞、華而不實。例如：「企業唯有群策群力、精益求精、設計有效的組織結構、落實企業策略」這種說法就流於空洞，因為缺少了「如何」的說明。

以下是「創業關鍵成功因素之探討」研究專題，根據資料分析所獲得的結論。在所提供的具體建議方面，可參考原論文。

▋研究結論

研究結果顯示，創業者在評選創業成功因素的構面時重視的程度如下：(1)創業家精神48.2%；(2)組織29%；(3)環境22.8%。從結果中可知，創業者認為創業家精神對創業的成功與否影響甚鉅，而組織及環境的影響則相對較小，跟以往的創業研究有不同的結果。在第二章文獻中顯示，早期學者在進行創業成功研究時，多將重點擺在創業家的人格特質是否影響創業成功，但是經過數十年研究，仍無法證實兩者間有顯著的影響，因此往後的創業研究多半會加入其他要素。本研究透過AHP分析法蒐集創業者主觀的意見，探討影響創業成功的因素時，卻顯示創業者皆認為創業家精神是最重要的影響因素，這顯示創業家精神在創業的過程中仍具有其關鍵影響力。

在創業家精神構面中本研究得到的結果是，創新突破為創業家最重視的指標，其

餘指標的權重大小依序為領導溝通、自主與自律、社會網絡經營。由此可知，創業者認為擁有創新思維對於事業的成長與經營更有幫助，這也可以解釋何以許多成功的企業，都致力於推廣創新的精神在企業文化、公司制度及產品服務上。

在組織構面下，經營策略是最重要的指標，其餘指標依權重大小依序為產品／服務、技術資源、財務資源、人力資源，最後是實體資源。根據上述結果本研究推論，擁有豐富的組織資源固然對創業有所助益，但創業家若在創業時即擬定完整的經營策略，更能將組織效益提升。

在環境構面的結果可以看出，創業者皆認為市場需求的重要性遠大於相關產業支持、不確定性風險、政府法令。意即創業者需要了解市場需求的脈絡、預測未來的市場走勢，才能掌握商機，但若無法滿足市場需求即可能被環境淘汰。

在整層級所有指標當中，發現由創新突破獲得所有創業者的共識，一致認為創新突破為影響創業成功最重要的因素，而領導溝通和市場需求分別占據第二及第三位。彼得‧杜拉克（Peter Drucker）曾指出：「不創新，即死亡」（Innovation or Die），可見創新對組織的重要性。一個組織在現今社會中缺乏創新——不僅包括產品或服務、作事的新方法等，該組織都將面臨極嚴苛的挑戰。因此，組織中的管理者如何培養自身的創新思考、行動的能力，以及如何鼓勵或激勵組織成員創新思考，為創業者一項重要的課題。

2-10　對後續研究的建議

▎訪問對象的選擇

本研究的問卷訪談對象是創業者本人，故得到的訊息偏重於創業者的主觀認定。因此，如想得到較為客觀的意見，可將問卷訪談對象的範圍擴大，如加入組織高級幕僚成員等。

▎研究範圍的調整

本次研究的研究範圍僅探討中小企業，訪問對象也侷限於中小企業的創業者，透過AHP分析法，得到創業家精神為影響創業成功最主要的構面，而創新突破則為最重要的指標，但這樣的結果僅可用於解釋中小企業的創業型態，至於大型企業或是其他規模的創業型態，可能無法類推。另外，本研究是跨產業、以企業規模為基礎取

樣，故統計後的平均值無法針對產業類別提供更進一步的闡述，因此，後續研究可進一步探討個別產業的創業關鍵成功因素。

事件之前後對比

後續研究者可考慮進行比較式研究，探討在重大事件（政府的措施、法令的頒布、科技的突破、經濟的重大變化）之前後各構面權重的變化，以了解該事件對各構面的影響程度。

第 3 章

Expert Choice操作

本章將按部就班地介紹Expert Choice操作程序。讀者如能腳踏實地的跟著操作一遍，必能得心應手，以收舉一反三之效。

本章的資料是採用自筆者所指導的專題研究論文（創業關鍵成功因素之探討—AHP分析法）。參與此研究的組員有：張凱惇、王怡仁、謝嘉容、曾巧馨、陳虹儒。此論文獲輔仁大學金融與國際企業系頒發之優等獎（2009）。

3-1　開始使用Expert Choice

啟動Expert Choice（11.5版、11版、2000版），映入眼簾的是起始畫面（圖3-1）。在此畫面的上方說明了Expert Choice的主要功能：優先化（Prioritize）、選擇（Select）、最適化（Optimize）、分配（Allocate）與排列（Align）。其他則是此軟體所提供的功能，包括：2分鐘快速瀏覽、完整瀏覽、快速啟用手冊、預覽決策範例。

按【Start Using Expert Choice】，開始使用Expert Choice。

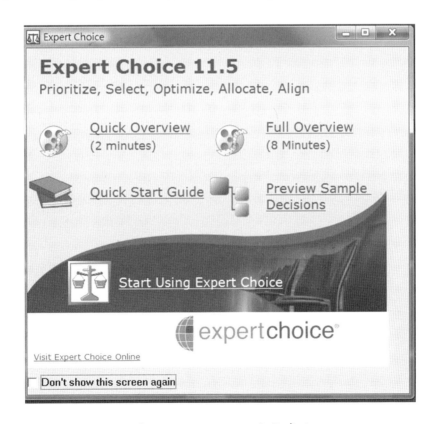

圖3-1　Expert Choice起始畫面

建立新模式

在「Welcome to Expert Choice」視窗中，選擇【Create New Model】（圖3-2）。
如果要開啟已經存在（或建立）的Model，則選擇【Open Existing Model】。

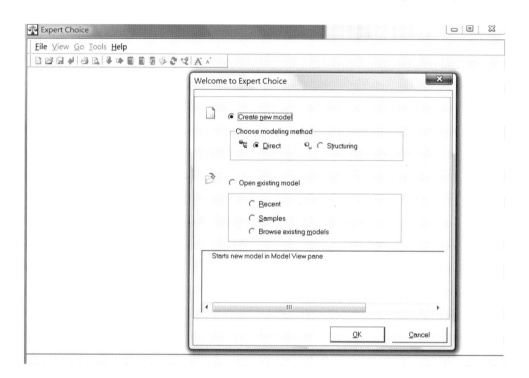

圖3-2　建立新模式

建立檔名

在「New File Name」視窗中，鍵入檔名「創業成功關鍵因素」（圖3-3），然後
按【開啟舊檔】。

圖3-3　鍵入檔名

目標描述

在「Goal Description」視窗的下方空白處，寫下目標描述：創業成功因素（圖3-4）。

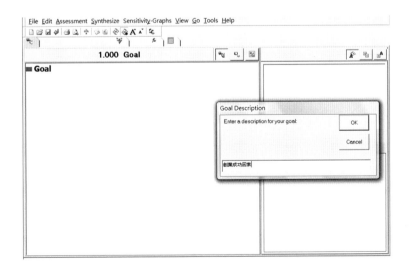

圖3-4　目標描述（鍵入目標名稱）

此時，我們可以按【Tools】【Options】，對使用環境做一些設定。例如在View中，設定在Tree View Pane、Data Grid中的字型、字型大小；在Open中，設定是否允許新的參與者、是否要求密碼等。

◆ 3-2　建立層級（觀念架構）◆

我們將以「影響創業成功的因素」建構成層級圖，由內而外影響因素分成三大構面，包含創業（家）精神、組織、環境，如表3-1所示。

表3-1　研究架構

創業關鍵成功因素	創業（家）精神	自主與自律
		社會網絡經營
		創新突破
		領導溝通
	組織	產品／服務
		實體資源
		人力資源
		技術資源
		財務資源
		經營策略
	環境	不確定性風險
		政府／法令
		市場需求
		相關產業支持

在三大構面之下相關指標與說明，如表3-2所示。

表3-2　三大構面之下相關指標與說明

創業關鍵成功因素	創業家精神	自主與自律	強調在充滿挑戰的創業過程中，創業家能夠自主、自律，重視企業道德和社會責任，堅持信念、努力達成目標的程度，以及能夠面對壓力做好心理調適的程度。
		社會網絡經營	重視能夠妥善經營人脈，來提升成功機會的能力。
		創新突破	強調的是創業家是否具有前瞻性的眼光與創業，來提升組織的競爭力。
		領導溝通	著重的是能否對組織內外的利害關係人，發揮領導影響能力和溝通技能。
	組織	產品／服務	產品是指在交換的過程中，對交換的對手而言具有價值，並可在市場上進行交換的任何標的；服務是由提供服務的一方借助人員或機器的力量，施加於接受服務的一方或其所有物的一種非實體的行動表現與努力過程。
		實體資源	是指企業在從事生產與管理工作時所運用到的有形資產，包括廠房設備、土地等，有些企業也擁有許多礦產、能源等自然資源。
		人力資源	包括一般與特殊人力資源，前者是指一般的工作者，而後者則是指具有特定產業知識的專業人力，以及先前具有創業經驗之創業人力資本。
		技術資源	包括實驗室、研發設備、品質測試與管制技術等，經由研發產生的知識，可透過專利、著作權、營業機密保護。
		財務資源	指的是企業家所有的各種財務資產的總和，包括具體表現在企業財務報表上的各類資金。
		經營策略	包括組織的商業模式、管理能力、策略、領導、組織結構等。
	環境	不確定性風險	對於未來事件發生的可能性，無法用機率的形式來表示的模糊狀態，並且是一種客觀存在，無論企業管理者的意願或主觀動能性如何，其結果都無法控制和精確的預測。
		政府／法令	政府透過政策工具與手段會改變產業的競爭環境與條件，而產業的發展也會影響政府的投資意願與輔助態度。
		市場需求	消費需求的多樣性與層次性，使得消費者的需求並非固定或有一定限度，人口及其構成、收入水平、商品價格的高低、商品供應情況的變化及政治法律和需求觀念的變化，皆為影響市場需求的因素。
		相關產業支持	當上游產業具備競爭優勢時，它對下游產業造成的影響是多方面的，使整體產業的競爭力都能夠提升。

第一層級

圖3-4所顯示的就是第一層級（目標）。

在Goal（目標）處按右鍵，選擇【Insert Child of Current Node】（圖3-5），即可在目前節點中插入子層級（下一個層級）。

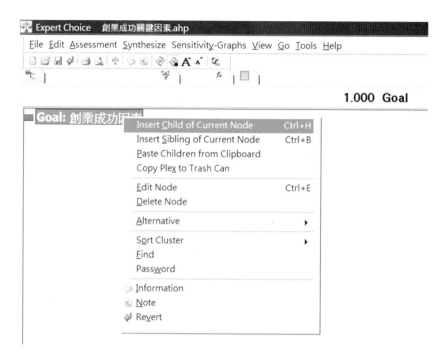

圖3-5　在目前節點建立下一個層級

第二層級

　　輸入影響創業成功因素的構面，按【Enter】即可輸入下一個，陸續輸入：創業家精神、組織、環境（圖3-6）。

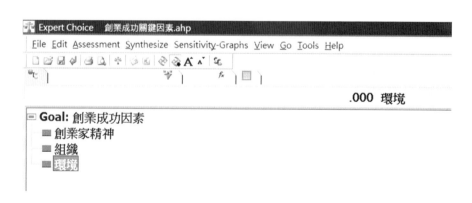

圖3-6　完成建立第二層級

第三層級

要輸入第三層級，點擊第二層級按右鍵，選擇【Insert Child of Current Node】即可輸入（圖3-7），分別鍵入內容。

圖3-7　建立第三層級

圖3-8顯示了完成各層級內容後的畫面。如果對於這些節點（Node）要做調整，在該節點處按右鍵，即可進行一些動作，例如編輯、刪除等。

圖3-8　完成各層級內容後的畫面

◆ 3-3　交代參與者 ◆

　　本例的研究對象為國內中小企業的創業者，共有8位創業家接受訪查（見表3-3）。由於AHP分析法與其他分析法問卷填寫方式不同，為了提升問卷的效度，以符合一致性檢驗（一致性指標C.I.≦0.1），故以一對一問卷訪談的方式來協助受訪者填答（問卷內容如附錄3-1所示），個案背景資料與填答內容案，如附錄3-2所示。第一份問卷是里昂尼義麵坊。

表3-3　受訪者概述

受訪者	所屬產業	創業年資／創業年齡	經營狀況
里昂尼義麵坊	餐飲服務業	5年／27歲	員工90人
法哥餐廳	餐飲服務業	20年／25歲	員工6人
東門鴨莊	餐飲服務業	27年／25歲	員工11人
大喜旅行社	觀光旅遊業	10年／45歲	員工3人
米奇科技股份有限公司	資訊電子業	7年／29歲	員工6人
尚芳國際興業股份有限公司	電子製造業	20年／28歲	員工200人
臺灣博科企業有限公司	進出口貿易	7年／43歲	員工8人
廣奕貿易	進出口貿易	30年／25歲	員工18人

建立所有參與者，在主畫面上分工具列選擇【Participants】的圖示。在出現的「Participants」視窗中，在上方工具列的Edit下按【Add N Participants】，本範例總共有八家個案公司，因此必須加入其他七份問卷，所以輸入7，即會出現另外七個新名稱（由於Expert Choice有一名預設的，稱為促成者（Facilitator）的參與者，而我們的研究共有八個個案，所以再增加七個即可）。滑鼠點擊「Personname」欄位下的名稱，即可將原來的預設名稱改成個案名稱（圖3-9）。

值得說明的是，Expert Choice不同的版本中，「Participants」視窗內表格欄位的次序略有不同。我們也可以對這些欄位加以增添、刪除或重新命名（按【Edit】【Column】）。

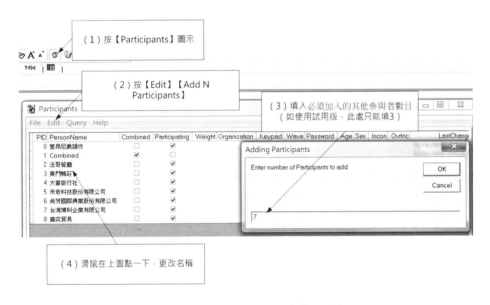

圖3-9　交代Participants（參與者）

3-4　建立第一位參與者資料

回到主畫面後，工具列有「參與者清單」（List of Participants），我們要分別點選每個參與者（個案），並對此個案的每個層次進行資料輸入的工作。

選擇個案、層次與比較方式

首先選擇第一個個案「里昂尼義麵坊」，按【Goal：創業成功因素】，然後再按

【3：1】（Pairwise Numerical Comparisons，成對數字比較），如圖3-10所示。選擇一家公司輸入資料時，要從Goal的三大構面開始，才是第二層級與第三層級的比較。

圖3-10　選擇個案、層次與比較方式

本例的問卷內容，如附錄3-1所示。我們是根據上述影響創業成功因素的三個構面及其構面下共十四項指標來設計問卷。個案的背景、問卷資料如附錄3-2所示。

如圖3-11所示，點擊格子成為黃色，經由拉動中間的捲軸，即可將問卷內容輸入，愈靠近那個標題（構面），表示那個構面愈重要，例如：圖中顯示：創業家精神比組織更重要。在構面右邊，紫色長條圖長短表示權重大小。所有的方格填完之後，按【Model View】圖示回到上一個畫面。

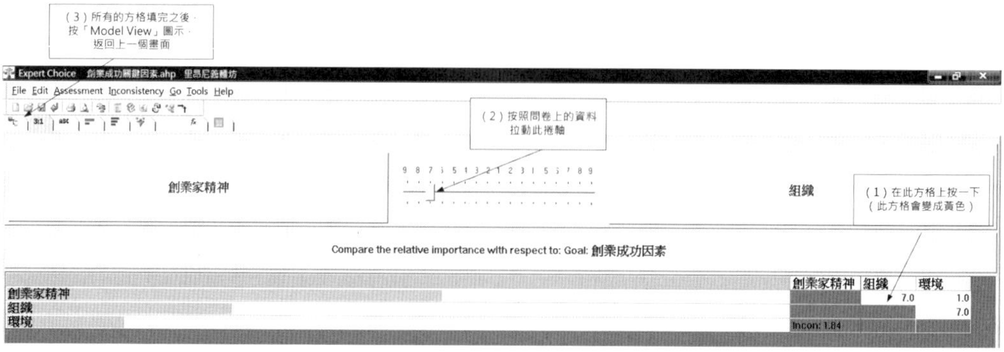

圖3-11　輸入第一個個案、第一個層次的資料

以問卷格式輸入資料

我們也可以用問卷格式來輸入資料，隨著習慣或方便而定。按【Assessment】【Questionnaire】（評估、問卷），在呈現的格式中陸續點選符合問卷中所勾選的答案數字（圖3-11(a)）。

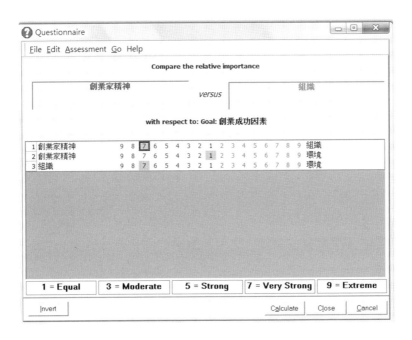

圖3-11(a)　以問卷的格式輸入資料

其問卷格式是這樣的：

第一題：在創業關鍵成功因素中，各構面的相對重要性為何？

因素A	超重要		很重要		重要		稍重要		同重要		稍重要		重要		很重要		超重要	因素B
	9	8	7	6	5	4	3	2	1	2	3	4	5	6	7	8	9	
創業家精神			✓															組織
創業家精神							✓											環境
組織			✓															環境

接著，第二層級以及第三層級也是用相同的方法輸入資料。按【創業家精神】【3：1】，分別按每個格子、拉動中間的捲軸至問卷中所填答的數字。結果如圖3-12

所示。所有的方格填完之後，按【Model View】圖示回到上一個畫面。

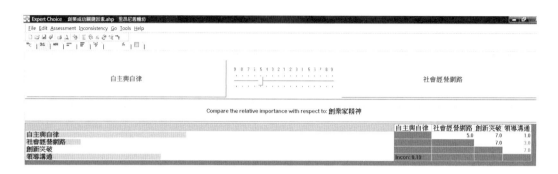

圖3-12　「創業家精神」的成對數字比較

　　按【組織】【3：1】，分別按每個格子、拉動中間的捲軸至問卷中所填答的數字。結果如圖3-13所示。所有的方格填完之後，按【Model View】圖示回到上一個畫面。

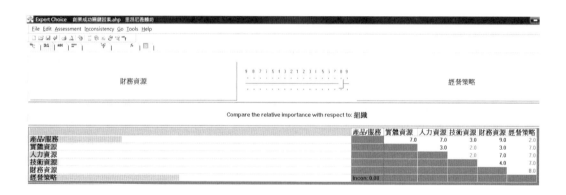

圖3-13　「組織」的成對數字比較

　　按【環境】【3：1】，分別按每個格子、拉動中間的捲軸至問卷中所填答的數字。結果如圖3-14所示。所有的方格填完之後，按【Model View】圖示回到上一個畫面。

圖3-14 「環境」的成對數字比較

當此個案的資料交代完畢，回到每個主畫面，每一個構面左邊長方形的下方會有厚度不一的綠色呈現，綠色厚度愈大，表示該構面的權重愈大，如圖3-15所示。

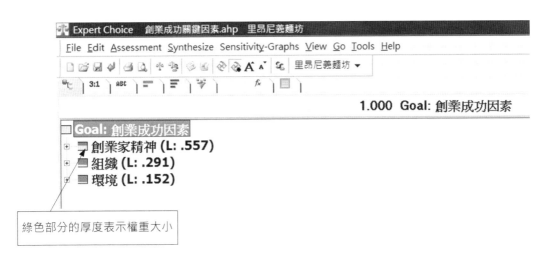

圖3-15 綠色部分代表權重

3-5 如法炮製

接著我們要陸續建立法哥餐廳、東門鴨莊、大喜旅行社、米奇科技股份有限公司、尚芳國際興業股份有限公司、台灣博科企業有限公司、廣奕貿易的資料。

在主畫面，「參與者清單」中，選【法哥餐廳】，如圖3-16所示。這是我們的第二個調查對象。將其資料交代到Expert Choice的方式如圖3-10到圖3-14所示，不贅。

圖3-16　選擇第二家個案（調查對象）

3-6　合併

　　將所有個案（問卷）資料都輸入之後，就要結合每個人的資料，以獲得合併後的權重比例。

　　如圖3-17所示，按【Participants】，在「Participants」視窗中，確信所有的Participants在Participating欄位下的方格都有打勾，而Combined這個名稱在Combined這個欄位下的方格有打勾。接著點擊【Combined Individuals】，就會出現「Combine Participants Judgment And/Or Data（For Active Participants）視窗，點擊【Both】後即將所有資料作整合，此時主畫面的框會變成黃色，表示完成。

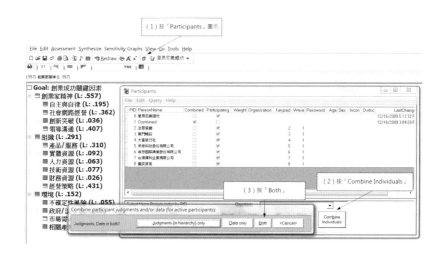

圖3-17　合併個人資料

◆ 3-7　合併的結果 ◆

在「參與者清單」（List of Participants）中選擇【Combined】，點擊每個層級的「3：1」，就會出現該層級構面的相對重要性（也就是說合併後，每個層級構面的相對重要性）。C.I.值小於0.1，表示一致性。

▋各層級構面的相對重要性

目標構面的相對重要性

目標構面的相對重要性，如圖3-18所示。此圖所顯示捲軸的方式是「成對文字比較」（Pairwise Verbal Comparisons）。如欲呈現，按工具列上的「ABC」圖示即可。

圖3-18　目標構面的相對重要性（Combined）

「創業家精神」構面的相對重要性

「創業家精神」構面的相對重要性，如圖3-19所示。

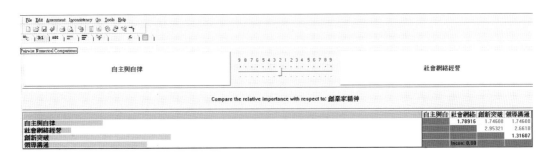

圖3-19　「創業家精神」構面的相對重要性（Combined）

「組織」構面的相對重要性

「組織」構面的相對重要性，如圖3-20所示。

圖3-20　「組織」構面的相對重要性（Combined）

「環境」構面的相對重要性

「環境」構面的相對重要性，如圖3-21所示。

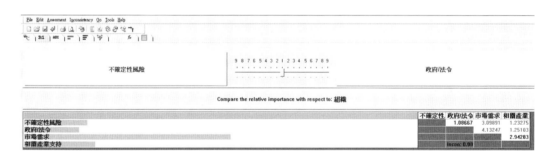

圖3-21　「環境」構面的相對重要性（Combined）

▌綜合結果

按【Model View】圖示，回到主畫面，點擊工具列裡的【綜合結果】（Synthesis Results）圖示（圖3-22），以便進行所有因素的排序。

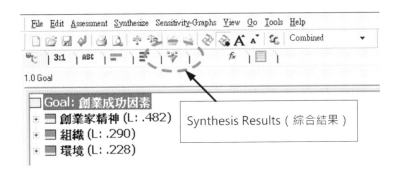

圖3-22　點選【綜合結果】圖示以進行排序

在所呈現的列示圖中，我們可用「Distributive Mode」（分配模態）或「Ideal Mode」（理想模態）來瀏覽。在「Details」（明細）項下，我們可用「Sort By Name」（名稱次序）、「Sort By Priority」（優先次序，也就是權重大小次序）、「Unsort」（原始次序）來瀏覽。圖3-23是以優先次序來瀏覽。

我們可看到整體一致性指標，其Overall Inconsistency是0.01，表示一致性良好。Expert Choice提供了C.I.的計算值，但如欲求得C.R.值，則可透過Microsoft Excel計算出來，計算方法容後說明。

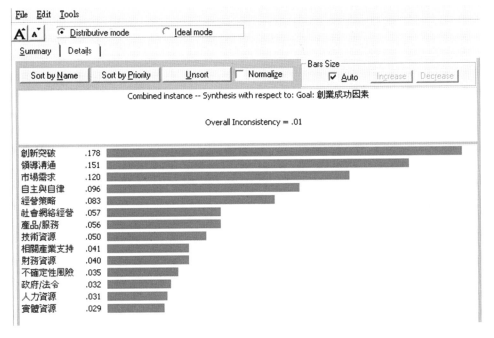

圖3-23　以優先次序（權重由大至小次序）來瀏覽

◆ 3-8　整理與解釋結果 ◆

以下各結果的呈現方式是這樣的：在「List of Participants」中選擇「Combined」，然後選定層級，接著按【Assessment】【Calculate】或「Synthesis Results」圖示，即可顯示該層級構面之下各構面的權重。以上各表均經過整理成表格格式。

「創業家精神」構面下各項評量指標之權重值

表3-4呈現「創業家精神」構面下的四個指標，依權重大小依序為創新突破、領導溝通、自主與自律及社會網絡經營。在此構面中，可呈現出創新突破及領導溝通是明顯較另外兩個指標受重視。

表3-4　「創業家精神」構面下各項評量指標之權重值

Priorities with Respect to:		Combined	
Goal：創業成功因素>創業家精神	權重	排序	
1.自主與自律	0.2000	3	
2.社會網絡經營	0.1180	4	
3.創新突破	0.3690	1	
4.領導溝通	0.3130	2	
C.R.	0.003		
C.I.	0.003	C.R.×R.I.	
λmax	4.008	m+(C.I.×(m − 1))	

如第一章的說明，一致性指標（Consistency Index, C.I.）的判定：

1.C.I. ＝ 0，表示評比者前後判斷完全具一致性。

2.C.I. ≦ 0.1，表示評估過程達到一致性，也就是矩陣的一致性程度在可以接受的範圍。

Expert Choice 會提供C.I.值，而：

C.R. ＝ C.I./R.I.，其中R.I.為一隨機指標（Random Index）。決策因素（構面個數）為 m 時，所對應的R.I.隨機指標表如下：

m	1	2	3	4	5	6	7	8	9	10	11	12	13	14	15
R.I.	0.00	0.00	0.58	0.90	1.12	1.24	1.32	1.41	1.45	1.49	1.51	1.48	1.56	1.57	1.59

C.I. $= (\lambda max - m)/ m - 1$，$\lambda max$是矩陣 A 的最大特徵值。

因此：

$\lambda max = $ C.I.$\times (m - 1) + m$

「組織」構面下各項評量指標之權重值

如表3-5所示，在「組織」構面下共有六個指標，而經營策略是創業者最受重視的指標，其權重也明顯高於其他指標。其他指標權重依序為產品／服務、技術資源、財務資源、人力資源以及實體資源。

表3-5　「組織」構面下各項評量指標之權重值

Priorities with Respect to:		Combined	
Goal：創業成功因素>組織	權重	排序	
1.產品／服務	0.194	2	
2.實體資源	0.102	6	
3.人力資源	0.105	5	
4.技術資源	0.172	3	
5.財務資源	0.139	4	
6.經營策略	0.288	1	
C.R.	0.020		
C.I.	0.025	C.R.×R.I.	
λmax	6.124	m+(C.I.×(m − 1))	

「環境」構面下各項評量指標之權重值

如表3-6所示，在「環境」構面下一共有四個指標，其中市場需求的權重遠大於另外三個指標，表示問卷填答者毫無疑問地皆表示市場需求為環境構面下最重要的因素。

表3-6　環境構面下各項評量指標之權重值

Priorities with Respect to: Goal：創業成功因素>環境		Combined	
	權重	排序	
1.不確定性風險	0.155	3	
2.政府／法令	0.138	4	
3.市場需求	0.526	1	
4.相關產業支持	0.181	2	
C.R.	0.002		
C.I.	0.002	C.R.×R.I.	
λmax	4.005	m+(C.I.×(m−1))	

▌「創業關鍵成功因素」整層級權重比

創業成功因素之各評量指標的權重，整理如表3-7所示，其中創業家精神、組織、環境之相對權重分別為48.2%、29%與22.8%。在所有構面下（整層級）指標權重較高的前三項指標依序為創新突破、領導溝通、市場需求，權重分別為17.8%、15.1%與12%。

表3-7　創業關鍵成功因素整層級權重比

構面名稱	構面權重	指標名稱	指標權重	整層級權重	整層級排序
創業家精神	0.482	自主與自律	0.200	0.096	4
		社會網絡經營	0.118	0.057	6
		創新突破	0.369	0.178	1
		領導溝通	0.313	0.151	2
組織	0.290	產品／服務	0.194	0.056	7
		實體資源	0.102	0.029	14
		人力資源	0.105	0.031	13
		技術資源	0.172	0.050	8
		財務資源	0.139	0.040	10
		經營策略	0.288	0.083	5
環境	0.228	不確定性風險	0.155	0.035	11
		政府／法令	0.138	0.032	12
		市場需求	0.526	0.120	3
		相關產業支持	0.181	0.041	9

　　根據表3-7在三大構面中，創業家精神獲得的權重為48.2%遠大於組織及環境，而組織及環境的權重則差距不大，顯示創業者在評比的過程中，很強烈的認為創業家精神對創業是非常具有影響力，而組織及環境的影響對創業的成功與否影響較小。

　　圖3-24將各層級的構面權重按照順序以長條圖表示，並以三種不同的顏色來表示其指標所屬的構面：黑色表示創業家精神、灰色表示組織、白色表示環境。很顯然的在前五名的指標中，可以看出創業家精神所屬的指標都比其他指標具有影響力。

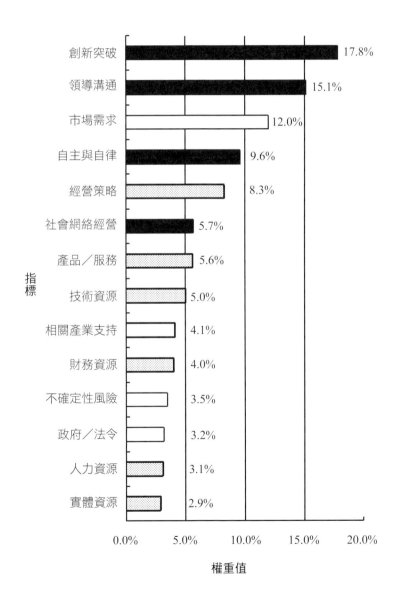

圖3-24　創業關鍵成功因素整層級權重排序長條圖

附錄3-1　創業關鍵成功因素之調查問卷

壹、示範填答劃記方式

假設現在請您比較層級結構中各構面（或因素）之相對重要程度，請您就問卷所示劃記以表達您個人的看法，劃記時請以左邊 A 欄的構面（或因素）為基準，與右邊 B 欄的構面（或因素）進行比較。以下列示範表格為例，假若您認為左邊 A 欄的「愛情」相較於右邊 B 欄的「麵包」之相對重要程度為愈為重要時，則請向因素 A 方向的愈左方以「✓」號劃記如下；反之，若您認為右邊 B 欄的「麵包」相較於左邊 A 欄的「愛情」之相對重要程度為極重要，則請向因素B的右方「✓」號劃記如下表所示，每邊皆有1-9的項目可以選擇，可以依照個人所感受程度的不同，做不同的選擇。

因素A	超重要		很重要		重要		稍重要		同重要		稍重要		重要		很重要		超重要	因素B
	9	8	7	6	5	4	3	2	1	2	3	4	5	6	7	8	9	
愛情			✓															麵包

貳、創業成功因素之表格說明

創業關鍵成功因素	創業家精神	自主與自律	強調在充滿挑戰的創業過程中，創業家能夠自主、自律，重視企業道德和社會責任，堅持信念、努力達成目標的程度，以及能夠面對壓力做好心理調適的程度。
		社會網絡經營	重視能夠妥善經營人脈，來提升成功機會的能力。
		創新突破	強調的是創業家是否具有前瞻性的眼光與創業，來提升組織的競爭力。
		領導溝通	著重的是能否對組織內外的利害關係人，發揮領導影響能力和溝通技能。
	組織	產品／服務	產品是指在交換的過程中，對交換的對手而言具有價值，並可在市場上進行交換的任何標的；服務是由提供服務的一方借助人員或機器的力量，施加於接受服務的一方或其所有物的一種非實體的行動表現與努力過程。
		實體資源	是指企業在從事生產與管理工作時所運用到的有形資產，包括廠房設備、土地等，有些企業也擁有許多礦產、能源等自然資源。
		人力資源	包括一般與特殊人力資源，前者是指一般的工作者，而後者則是指具有特定產業知識的專業人力，以及先前具有創業經驗之創業人力資本。
		技術資源	包括實驗室、研發設備、品質測試與管制技術等，經由研發產生的知識，可透過專利、著作權、營業機密保護。
		財務資源	指的是企業家所有的各種財務資產的總和，包括具體表現在企業財務報表上的各類資金。
		經營策略	包括組織的商業模式、管理能力、策略、領導、組織結構等。

環境	不確定性風險	對於未來事件發生的可能性，無法用機率的形式來表示的模糊狀態，並且是一種客觀存在，無論企業管理者的意願或主觀動能性如何，其結果都無法控制和精確的預測。
	政府／法令	政府透過政策工具與手段會改變產業的競爭環境與條件，而產業的發展也會影響政府的投資意願與輔助態度。
	市場需求	消費需求的多樣性與層次性，使得消費者的需求並非固定或有一定限度，人口及其構成、收入水平、商品價格的高低、商品供應情況的變化及政治法律和需求觀念的變化皆為影響市場需求的因素。
	相關產業支持	當上游產業具備國際競爭優勢時，它對下游產業造成的影響是多方面的，使整體產業的競爭力都能夠提升。

參、創業成功因素之關鍵性因素問卷填答部分

第一題：在創業關鍵成功因素中，各構面的相對重要性為何？

因素A	超重要		很重要		重要		稍重要		同重要		稍重要		重要		很重要		超重要	因素B
	9	8	7	6	5	4	3	2	1	2	3	4	5	6	7	8	9	
創業家精神																		組織
創業家精神																		環境
組織																		環境

第二題：在「創業家精神」構面的考量下，各指標的相對重要性為何？

因素A	超重要		很重要		重要		稍重要		同重要		稍重要		重要		很重要		超重要	因素B
	9	8	7	6	5	4	3	2	1	2	3	4	5	6	7	8	9	
自主與自律																		社會網絡經營
自主與自律																		創新突破
自主與自律																		領導溝通
社會網絡經營																		創新突破
社會網絡經營																		領導溝通
創新突破																		領導溝通

第三題：在「組織」構面的考量下，各指標的相對重要性為何？

因素A	超重要		很重要		重要		稍重要		同重要		稍重要		重要		很重要		超重要	因素B
	9	8	7	6	5	4	3	2	1	2	3	4	5	6	7	8	9	
產品／服務																		實體資源
產品／服務																		人力資源
產品／服務																		技術資源
產品／服務																		財務資源
產品／服務																		經營策略
實體資源																		人力資源
實體資源																		技術資源
實體資源																		財務資源
實體資源																		經營策略
人力資源																		技術資源
人力資源																		財務資源
人力資源																		經營策略
技術資源																		財務資源
技術資源																		經營策略
財務資源																		經營策略

第四題：在「環境」構面的考量下，各指標的相對重要性為何？

因素A	超重要		很重要		重要		稍重要		同重要		稍重要		重要		很重要		超重要	因素B
	9	8	7	6	5	4	3	2	1	2	3	4	5	6	7	8	9	
不確性風險																		政府／法令
不確性風險																		市場需求
不確性風險																		相關產業支持
政府／法令																		市場需求
政府／法令																		相關產業支持
市場需求																		相關產業支持

基本資料

創業者性別：男性○　　女性○

創業者年齡：（現在）　　　創業時年齡：

教育程度：國小以下○　國中○　高中職○　大專大學○　大學以上○

所屬產業：　　　　　經營時間（年）：

員工人數：　　　　資本額：

其他重要的創業成功因素（自由選答）：

對自我未來期許（自由選答）：

對公司未來展望（自由選答）：

　　　**************本問卷到此結束，謝謝您的回答！！************

附錄3-2　個案背景與問卷內容

◎ 個案一、里昂尼餐廳

一、個案背景

在東區擁有兩家知名的義大利麵餐廳、一家日本料理店，並與藝人周杰倫合作開設一家甜品店。旗下餐廳廣受老饕喜愛，多次被報章媒體報導並評選為優質餐廳。

二、訪問時間／地點

2009年8月13日／里昂尼餐廳

三、問卷內容

第一題：在創業關鍵成功因素中，各構面的相對重要性為何？

因素A	超重要		很重要		重要		稍重要		同重要		稍重要		重要		很重要		超重要	因素B
	9	8	7	6	5	4	3	2	1	2	3	4	5	6	7	8	9	
創業家精神			✓															組織
創業家精神									✓									環境
組織			✓															環境

第二題：在「創業家精神」構面的考量下，各指標的相對重要性為何？

因素A	超重要		很重要		重要		稍重要		同重要		稍重要		重要		很重要		超重要	因素B
	9	8	7	6	5	4	3	2	1	2	3	4	5	6	7	8	9	
自主與自律					✓													社會網絡經營
自主與自律			✓															創新突破
自主與自律											✓							領導溝通
社會網絡經營			✓															創新突破
社會網絡經營											✓							領導溝通
創新突破															✓			領導溝通

第三題：在「組織」構面的考量下，各指標的相對重要性為何？

因素A	超重要		很重要		重要		稍重要		同重要	稍重要		重要		很重要		超重要	因素B
	9	8	7	6	5	4	3	2	1	2	3	4	5	6	7	8	9	
產品／服務			✓															實體資源
產品／服務			✓															人力資源
產品／服務							✓											技術資源
產品／服務	✓																	財務資源
產品／服務										✓								經營策略
實體資源							✓											人力資源
實體資源										✓								技術資源
實體資源							✓											財務資源
實體資源															✓			經營策略
人力資源										✓								技術資源
人力資源			✓															財務資源
人力資源															✓			經營策略
技術資源					✓													財務資源
技術資源															✓			經營策略
財務資源																✓		經營策略

第四題：在「環境」構面的考量下，各指標的相對重要性為何？

因素A	超重要		很重要		重要		稍重要		同重要	稍重要		重要		很重要		超重要	因素B
	9	8	7	6	5	4	3	2	1	2	3	4	5	6	7	8	9	
不確性風險											✓							政府／法令
不確性風險															✓			市場需求
不確性風險												✓						相關產業支持
政府／法令													✓					市場需求
政府／法令											✓							相關產業支持
市場需求						✓												相關產業支持

基本資料

創業者性別：男性● 　　女性○

創業者年齡：（現在）32 　　創業時年齡：27

教育程度：國小以下○　國中○　高中職○　大專大學○　大學以上●

所屬產業：餐飲服務業　　　　　經營時間（年）：5

員工人數：90　　　　　　　　資本額：500萬

其他重要的創業成功因素（自由選答）：體貼顧客與員工的心情，才能永續經營。

對自我未來期許（自由選答）：

對公司未來展望（自由選答）：永續經營

************本問卷到此結束，謝謝您的回答！！************

個案二、法哥餐廳

一、個案背景

坐落中山捷運站商圈綠色園道旁的「法哥」餐館，開店已近十年，重新整修改裝後呈現出更具異國風與充滿浪漫風情，戶外以柔色系的白呼應著街道的綠意與自然。餐館內一樓是以供應異國料理為主，二樓則規劃成咖啡館，讓想單純用餐或喝咖啡的朋友各自擁有屬於自己的空間。

二、訪問時間／地點

2009年8月15日／法哥餐廳

三、問卷內容

第一題：在創業關鍵成功因素中，各構面的相對重要性為何？

因素A	超重要		很重要		重要		稍重要		同重要		稍重要		重要		很重要		超重要	因素B
	9	8	7	6	5	4	3	2	1	2	3	4	5	6	7	8	9	
創業家精神											✓							組織
創業家精神									✓									環境
組織							✓											環境

第二題：在「創業家精神」構面的考量下，各指標的相對重要性為何？

因素A	超重要		很重要		重要		稍重要		同重要	稍重要		重要		很重要		超重要	因素B
	9	8	7	6	5	4	3	2	1	2	3	4	5	6	7	8	9	
自主與自律							✓											社會網絡經營
自主與自律																	✓	創新突破
自主與自律											✓							領導溝通
社會網絡經營													✓					創新突破
社會網絡經營															✓			領導溝通
創新突破									✓									領導溝通

第三題：在「組織」構面的考量下，各指標的相對重要性為何？

因素A	超重要		很重要		重要		稍重要		同重要	稍重要		重要		很重要		超重要	因素B
	9	8	7	6	5	4	3	2	1	2	3	4	5	6	7	8	9	
產品／服務							✓											實體資源
產品／服務									✓									人力資源
產品／服務									✓									技術資源
產品／服務											✓							財務資源
產品／服務											✓							經營策略
實體資源											✓							人力資源
實體資源											✓							技術資源
實體資源													✓					財務資源
實體資源											✓							經營策略
人力資源									✓									技術資源
人力資源									✓									財務資源
人力資源											✓							經營策略
技術資源											✓							財務資源
技術資源											✓							經營策略
財務資源									✓									經營策略

第四題：在「環境」構面的考量下，各指標的相對重要性為何？

因素A	超重要	很重要	重要	稍重要	同重要	稍重要	重要	很重要	超重要	因素B
	9	8	7	6	5	4	3	2	1	2	3	4	5	6	7	8	9	
不確性風險							✓											政府／法令
不確性風險											✓							市場需求
不確性風險							✓											相關產業支持
政府／法令															✓			市場需求
政府／法令									✓									相關產業支持
市場需求					✓													相關產業支持

基本資料：

創業者性別：男性● 　　女性○

創業者年齡：40～50歲 　　　　創業時年齡：25歲

教育程度：國小以下○ 　國中● 　高中職○ 　大專大學○ 　大學以上○

所屬產業：餐飲服務業 　　　　經營時間（年）：約20年

員工人數：6 　　　　　　　　資本額：380萬

其他重要的創業成功因素（自由選答）：地理位置

對自我未來期許（自由選答）：永續經營

對公司未來展望（自由選答）：

　　＊＊＊＊＊＊＊＊＊＊＊＊本問卷到此結束，謝謝您的回答！！＊＊＊＊＊＊＊＊＊＊＊＊＊

▌個案三、東門鴨莊

一、個案背景

　　店面臨近東門市場，周圍有許多辦公大樓圍繞。在創業初期老闆娘認為此地便當的市場非常有潛力，不僅僅親自下廚烤鴨、嚴選食材、篩選師傅，一開始總是事必躬親，但後來培育出好的師傅及好的店經理，增加外送的服務，讓店裡的營業額步步高升。除此之外，店裡的管理制度更是有她自己的一套想法，認為一切都是要走制度，接下來才是人情的因素，沒有制度只會讓人用「人情」二字過度濫用罷了，其中店內的紅利獎金也是她的方法，不僅讓員工更有企圖心，也更易留下人才。

二、訪問時間／地點

2009年8月15日／杭州南路上某家怡客咖啡

三、問卷內容

第一題：在創業關鍵成功因素中，各構面的相對重要性為何？

因素A	超重要		很重要		重要		稍重要		同重要	稍重要		重要		很重要		超重要		因素B
	9	8	7	6	5	4	3	2	1	2	3	4	5	6	7	8	9	
創業家精神											✓							組織
創業家精神					✓													環境
組織				✓														環境

第二題：在「創業家精神」構面的考量下，各指標的相對重要性為何？

因素A	超重要		很重要		重要		稍重要		同重要	稍重要		重要		很重要		超重要		因素B
	9	8	7	6	5	4	3	2	1	2	3	4	5	6	7	8	9	
自主與自律					✓													社會網絡經營
自主與自律					✓													創新突破
自主與自律									✓									領導溝通
社會網絡經營									✓									創新突破
社會網絡經營									✓									領導溝通
創新突破											✓							領導溝通

第三題：在「組織」構面的考量下，各指標的相對重要性為何？

因素A	超重要		很重要		重要		稍重要		同重要		稍重要		重要		很重要		超重要	因素B
	9	8	7	6	5	4	3	2	1	2	3	4	5	6	7	8	9	
產品／服務					✓													實體資源
產品／服務									✓									人力資源
產品／服務									✓									技術資源
產品／服務							✓											財務資源
產品／服務									✓									經營策略
實體資源											✓							人力資源
實體資源											✓							技術資源
實體資源							✓											財務資源
實體資源											✓							經營策略
人力資源									✓									技術資源
人力資源			✓															財務資源
人力資源					✓													經營策略
技術資源					✓													財務資源
技術資源					✓													經營策略
財務資源													✓					經營策略

第四題：在「環境」構面的考量下，各指標的相對重要性為何？

因素A	超重要		很重要		重要		稍重要		同重要		稍重要		重要		很重要		超重要	因素B
	9	8	7	6	5	4	3	2	1	2	3	4	5	6	7	8	9	
不確性風險											✓							政府／法令
不確性風險													✓					市場需求
不確性風險													✓					相關產業支持
政府／法令													✓					市場需求
政府／法令													✓					相關產業支持
市場需求									✓									相關產業支持

基本資料

創業者性別：男性○　　　女性●

創業者年齡：45～55歲　　　　創業時年齡：25歲

教育程度：國小以下○　國中○　高中職●　大專大學○　大學以上○

所屬產業：餐飲服務業　　　經營時間（年）：27年

員工人數：11人　　　　　資本額：10萬

其他重要的創業成功因素（自由選答）：

對自我未來期許（自由選答）：可以開連鎖店

對公司未來展望（自由選答）：永續經營

　　***********本問卷到此結束，謝謝您的回答！！***********

個案四、大喜旅行社

一、個案背景

　　一家位於台中已經經營十年的旅行社，創辦起因為老闆本身熱愛旅遊，其主要專辦國外旅遊居多。

二、訪問時間／地點

2009年8月26日／電話訪談方式訪問

三、問卷內容

第一題：在創業關鍵成功因素中，各構面的相對重要性為何？

因素A	超重要	很重要	重要	稍重要	同重要	稍重要	重要	很重要	超重要	因素B
	9	8	7	6	5	4	3	2	1	2	3	4	5	6	7	8	9	
創業家精神					✓													組織
創業家精神									✓									環境
組織																	✓	環境

第二題：在「創業家精神」構面的考量下，各指標的相對重要性為何？

因素A	超重要		很重要		重要		稍重要		同重要	稍重要		重要		很重要		超重要	因素B
	9	8	7	6	5	4	3	2	1	2	3	4	5	6	7	8	9	
自主與自律													✓					社會網絡經營
自主與自律															✓			創新突破
自主與自律									✓									領導溝通
社會網絡經營													✓					創新突破
社會網絡經營									✓									領導溝通
創新突破	✓																	領導溝通

第三題：在「組織」構面的考量下，各指標的相對重要性為何？

因素A	超重要		很重要		重要		稍重要		同重要	稍重要		重要		很重要		超重要	因素B
	9	8	7	6	5	4	3	2	1	2	3	4	5	6	7	8	9	
產品／服務	✓																	實體資源
產品／服務					✓													人力資源
產品／服務								✓										技術資源
產品／服務								✓										財務資源
產品／服務								✓										經營策略
實體資源							✓											人力資源
實體資源											✓							技術資源
實體資源											✓							財務資源
實體資源									✓									經營策略
人力資源												✓						技術資源
人力資源									✓									財務資源
人力資源													✓					經營策略
技術資源								✓										財務資源
技術資源									✓									經營策略
財務資源											✓							經營策略

第四題：在「環境」構面的考量下，各指標的相對重要性為何？

因素A	超重要		很重要		重要		稍重要		同重要		稍重要		重要		很重要		超重要	因素B
	9	8	7	6	5	4	3	2	1	2	3	4	5	6	7	8	9	
不確性風險			✓															政府／法令
不確性風險															✓			市場需求
不確性風險									✓									相關產業支持
政府／法令																	✓	市場需求
政府／法令												✓						相關產業支持
市場需求							✓											相關產業支持

基本資料

創業者性別：男性● 女性○

創業者年齡：（現在）55 創業時年齡：45

教育程度：國小以下○ 國中○ 高中職○ 大專大學● 大學以上○

所屬產業：觀光旅遊業 經營時間（年）：10

員工人數：3 資本額：800萬

其他重要的創業成功因素（自由選答）：誠信、服務

對自我未來期許（自由選答）：樂觀、積極

對公司未來展望（自由選答）：創新

************本問卷到此結束，謝謝您的回答！！************

個案五、米奇科技股份有限公司

一、個案背景

位於捷運古亭站的一家公司，其主要營業項目為公司或是學校電腦採購與維修。老闆雖然非常年輕，但是公司以良好的售後服務著稱，而有一群忠實的客戶。

二、訪問時間／地點

2009年8月16日／公司附近的一家咖啡館

三、問卷內容

第一題：在創業關鍵成功因素中，各構面的相對重要性為何？

因素A	超重要		很重要		重要		稍重要		同重要		稍重要		重要		很重要		超重要	因素B
	9	8	7	6	5	4	3	2	1	2	3	4	5	6	7	8	9	
創業家精神									✓									組織
創業家精神	✓																	環境
組織			✓															環境

第二題：在「創業家精神」構面的考量下，各指標的相對重要性為何？

因素A	超重要		很重要		重要		稍重要		同重要		稍重要		重要		很重要		超重要	因素B
	9	8	7	6	5	4	3	2	1	2	3	4	5	6	7	8	9	
自主與自律			✓															社會網絡經營
自主與自律									✓									創新突破
自主與自律																		領導溝通
社會網絡經營					✓													創新突破
社會網絡經營									✓									領導溝通
創新突破			✓															領導溝通

第三題：在「組織」構面的考量下，各指標的相對重要性為何？

因素A	超重要		很重要		重要		稍重要		同重要		稍重要		重要		很重要		超重要	因素B
	9	8	7	6	5	4	3	2	1	2	3	4	5	6	7	8	9	
產品／服務	✓																	實體資源
產品／服務									✓									人力資源
產品／服務									✓									技術資源
產品／服務	✓																	財務資源
產品／服務					✓													經營策略
實體資源																✓		人力資源
實體資源																✓		技術資源
實體資源					✓													財務資源
實體資源												✓						經營策略
人力資源									✓									技術資源
人力資源	✓																	財務資源
人力資源					✓													經營策略
技術資源			✓															財務資源
技術資源					✓													經營策略
財務資源																✓		經營策略

第四題：在「環境」構面的考量下，各指標的相對重要性為何？

因素A	超重要		很重要		重要		稍重要		同重要		稍重要		重要		很重要		超重要	因素B
	9	8	7	6	5	4	3	2	1	2	3	4	5	6	7	8	9	
不確性風險			✓															政府／法令
不確性風險			✓															市場需求
不確性風險	✓																	相關產業支持
政府／法令									✓									市場需求
政府／法令					✓													相關產業支持
市場需求					✓													相關產業支持

基本資料

創業者性別：男性● 女性○

創業者年齡：（現在）36 創業時年齡：29

教育程度：國小以下○ 國中○ 高中職● 大專大學○ 大學以上○

所屬產業：資訊電子業 經營時間（年）：7

員工人數：6 資本額：100萬

其他重要的創業成功因素（自由選答）：競爭力

對自我未來期許（自由選答）：

對公司未來展望（自由選答）：

　　　　************本問卷到此結束，謝謝您的回答！！************

個案六、尚芳國際興業股份有限公司

一、個案背景

尚芳國際興業股份有限公司成立於1992年，自寄檯業務的草創時期，直至今日專業從事遊戲機種的開發生產製造，不但平穩的跨出每一步履，亦在業界裡打響名號，現今已成為國內知名遊戲機績優廠商，專營籃球機、棒球機及原裝進口機台、PC版等多元化機種買賣及製造。

二、訪問時間／地點

2009年8月18日／尚芳國際興業股份有限公司

三、問卷內容

第一題：在創業關鍵成功因素中，各構面的相對重要性為何？

因素A	超重要		很重要		重要		稍重要		同重要		稍重要		重要		很重要		超重要	因素B
	9	8	7	6	5	4	3	2	1	2	3	4	5	6	7	8	9	
創業家精神									✓									組織
創業家精神					✓													環境
組織					✓													環境

第二題：在「創業家精神」構面的考量下，各指標的相對重要性為何？

因素A	超重要		很重要		重要		稍重要		同重要		稍重要		重要		很重要		超重要	因素B
	9	8	7	6	5	4	3	2	1	2	3	4	5	6	7	8	9	
自主與自律									✓									社會網絡經營
自主與自律									✓									創新突破
自主與自律											✓							領導溝通
社會網絡經營													✓					創新突破
社會網絡經營													✓					領導溝通
創新突破									✓									領導溝通

第三題：在「組織」構面的考量下，各指標的相對重要性為何？

因素A	超重要		很重要		重要		稍重要		同重要		稍重要		重要		很重要		超重要	因素B
	9	8	7	6	5	4	3	2	1	2	3	4	5	6	7	8	9	
產品／服務					✓													實體資源
產品／服務									✓									人力資源
產品／服務									✓									技術資源
產品／服務													✓					財務資源
產品／服務													✓					經營策略
實體資源													✓					人力資源
實體資源													✓					技術資源
實體資源															✓			財務資源
實體資源															✓			經營策略
人力資源									✓									技術資源
人力資源													✓					財務資源
人力資源											✓							經營策略
技術資源													✓					財務資源
技術資源													✓					經營策略
財務資源									✓									經營策略

第四題：在「環境」構面的考量下，各指標的相對重要性為何？

因素A	超重要		很重要		重要		稍重要		同重要		稍重要		重要		很重要		超重要	因素B
	9	8	7	6	5	4	3	2	1	2	3	4	5	6	7	8	9	
不確性風險					✓													政府／法令
不確性風險									✓									市場需求
不確性風險					✓													相關產業支持
政府／法令											✓							市場需求
政府／法令											✓							相關產業支持
市場需求							✓											相關產業支持

基本資料

創業者性別：男性● 女性○

創業者年齡：51歲　　　　創業時年齡：28歲

教育程度：國小以下〇　國中〇　高中職●　大專大學〇　大學以上〇

所屬產業：電子製造業　經營時間（年）：22年

員工人數：200　　　　　資本額：7000萬

其他重要的創業成功因素（自由選答）：

對自我未來期許（自由選答）：

對公司未來展望（自由選答）：上市上櫃

　　************本問卷到此結束，謝謝您的回答！！************

個案七、臺灣博科企業有限公司

一、個案背景

專營國內各式洗潔精的貿易與銷售。

二、訪問時間／地點

2009年9月24日／臺灣博科企業有限公司

三、問卷內容

第一題：在創業關鍵成功因素中，各構面的相對重要性為何？

因素A	超重要	很重要	重要	稍重要	同重要	稍重要	重要	很重要	超重要	因素B
	9	8	7	6	5	4	3	2	1	2	3	4	5	6	7	8	9	
創業家精神							✓											組織
創業家精神			✓															環境
組織				✓														環境

第二題：在「創業家精神」構面的考量下，各指標的相對重要性為何？

因素A	超重要 9	8	很重要 7	6	重要 5	4	稍重要 3	2	同重要 1	稍重要 2	3	4	重要 5	6	很重要 7	8	超重要 9	因素B
自主與自律													✓					社會網絡經營
自主與自律															✓			創新突破
自主與自律														✓				領導溝通
社會網絡經營												✓						創新突破
社會網絡經營											✓							領導溝通
創新突破							✓											領導溝通

第三題：在「組織」構面的考量下，各指標的相對重要性為何？

因素A	超重要 9	8	很重要 7	6	重要 5	4	稍重要 3	2	同重要 1	稍重要 2	3	4	重要 5	6	很重要 7	8	超重要 9	因素B
產品／服務															✓			實體資源
產品／服務		✓																人力資源
產品／服務			✓															技術資源
產品／服務																✓		財務資源
產品／服務																	✓	經營策略
實體資源	✓																	人力資源
實體資源	✓																	技術資源
實體資源									✓									財務資源
實體資源									✓									經營策略
人力資源									✓									技術資源
人力資源																	✓	財務資源
人力資源																	✓	經營策略
技術資源																	✓	財務資源
技術資源																	✓	經營策略
財務資源									✓									經營策略

第四題：在「環境」構面的考量下，各指標的相對重要性為何？

因素A	超重要		很重要		重要		稍重要		同重要		稍重要		重要		很重要		超重要	因素B
	9	8	7	6	5	4	3	2	1	2	3	4	5	6	7	8	9	
不確性風險														✓				政府／法令
不確性風險																	✓	市場需求
不確性風險											✓							相關產業支持
政府／法令												✓						市場需求
政府／法令							✓											相關產業支持
市場需求					✓													相關產業支持

基本資料

創業者性別：男性● 女性○

創業者年齡：50　　　　　　創業時年齡：43

教育程度：國小以下○　國中○　高中職○　大專大學●　大學以上○

所屬產業：進出口貿易　　經營時間（年）：7

員工人數：8　　　　　　資本額：2000萬

其他重要的創業成功因素（自由選答）：企業是否能具備避險及轉投資的遠見。

對自我未來期許（自由選答）：企業永續經營，整合環境資源，利己利人，以社會福祉為先。

對公司未來展望（自由選答）：業績成長，創造更好工作環境。

＊＊＊＊＊＊＊＊＊＊＊＊＊本問卷到此結束，謝謝您的回答！！＊＊＊＊＊＊＊＊＊＊＊＊

個案八、廣奕貿易

一、個案背景

　　廣奕企業公司為專業鋼珠製造商，多年來，除了在內銷市場有好口碑，產品也行銷全球，未來將持續秉持著精益求精、嚴謹的生產技術及創新研發能力，提供客戶更多元化的服務。該公司不僅研發技術純熟，且銷售產品多樣化，可充分滿足市場的需求。主要產品涵蓋各式各樣的鋼珠，如不銹鋼珠、碳鋼珠、鉻鋼珠、銅珠、鎢鋼珠、塑膠珠、尼龍珠、陶磁珠、玻璃珠等。

二、訪問時間／地點

2009年8月17日／廣奕企業有限公司

三、問卷內容

第一題：在創業關鍵成功因素中，各構面的相對重要性為何？

因素A	超重要		很重要		重要		稍重要		同重要		稍重要		重要		很重要		超重要	因素B
	9	8	7	6	5	4	3	2	1	2	3	4	5	6	7	8	9	
創業家精神					✓													組織
創業家精神												✓						環境
組織																	✓	環境

第二題：在「創業家精神」構面的考量下，各指標的相對重要性為何？

因素A	超重要		很重要		重要		稍重要		同重要		稍重要		重要		很重要		超重要	因素B
	9	8	7	6	5	4	3	2	1	2	3	4	5	6	7	8	9	
自主與自律					✓													社會網絡經營
自主與自律														✓				創新突破
自主與自律																✓		領導溝通
社會網絡經營																	✓	創新突破
社會網絡經營																✓		領導溝通
創新突破									✓									領導溝通

第三題：在「組織」構面的考量下，各指標的相對重要性為何？

因素A	超重要		很重要		重要		稍重要		同重要	稍重要		重要		很重要		超重要	因素B
	9	8	7	6	5	4	3	2	1	2	3	4	5	6	7	8	9	
產品／服務															✓			實體資源
產品／服務		✓																人力資源
產品／服務																	✓	技術資源
產品／服務																	✓	財務資源
產品／服務																	✓	經營策略
實體資源	✓																	人力資源
實體資源									✓									技術資源
實體資源									✓									財務資源
實體資源									✓									經營策略
人力資源																	✓	技術資源
人力資源															✓			財務資源
人力資源															✓			經營策略
技術資源									✓									財務資源
技術資源									✓									經營策略
財務資源									✓									經營策略

第四題：在「環境」構面的考量下，各指標的相對重要性為何？

因素A	超重要		很重要		重要		稍重要		同重要	稍重要		重要		很重要		超重要	因素B
	9	8	7	6	5	4	3	2	1	2	3	4	5	6	7	8	9	
不確性風險															✓			政府／法令
不確性風險																	✓	市場需求
不確性風險																	✓	相關產業支持
政府／法令											✓							市場需求
政府／法令									✓									相關產業支持
市場需求									✓									相關產業支持

基本資料

創業者性別：男性● 　　女性○

創業者年齡：（現在）55歲 　　創業時年齡：25歲

教育程度：國小以下○　國中●　高中職○　大專大學○　大學以上○

所屬產業：進出口貿易　　　　　　經營時間（年）：30

員工人數：18　　　　　　　　　　資本額：500萬

其他重要的創業成功因素（自由選答）：選對的時機，做對的事。

對自我未來期許（自由選答）：活到老，學到老，多方面學習。

對公司未來展望（自由選答）：希望大環境好轉，使業務能蒸蒸日上。

＊＊＊＊＊＊＊＊＊＊＊＊本問卷到此結束，謝謝您的回答！！＊＊＊＊＊＊＊＊＊＊＊＊

第 4 章

Expert Choice展示方式

本章將說明Expert Choice的運用（尤其是圖形運用）以及一些實用的功能。本章所使用的資料檔是在安裝之後，Expert Choice所提供的範例檔（檔案：C:\ECsamples\Car Purchase.ahp）。

4-1　Alternative

Alternative原意是選項、可行方案、備選方案，在Expert Choice內特別指要進行比較的標的物或研究的對象，例如：汽車、電腦、學校、候選人等。最近（2008.12）Expert Choice公司舉辦了一個「電腦決策模式」競賽（圖4-1），參賽者要以Expert Choice來設計購買各牌電腦時的決策構面，顯然參賽者要模擬消費者在購買電腦時，會考慮哪些品牌、考慮哪些構面。

圖4-1　Expert Choice公司邀請參加「電腦決策模式」競賽

決策就是在這種選項（可行方案、備選方案）中依照某些標準，作最佳的選擇。因此，在某些研究中會有研究標的物作為比較的對象。例如：以Car Purchase.ahp為例，研究者所決定的選項有GRAND AM 4 DOORS、NISSAN MAXIMA 4 DOORS、MERCEDES BENZ 290、VOLVO 840、THUNDER BIRD 2 DOORS這五款汽車（圖4-2）。相較於第三章所說明的各構面的比較，以找出關鍵成功因素，本例

除了涉及到構面之外，還有研究標的物（比較對象）。

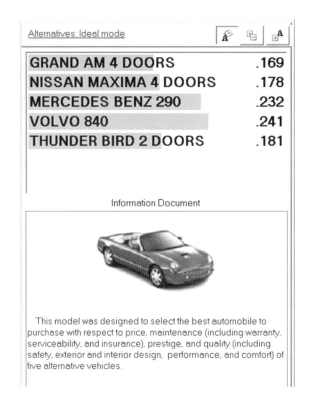

圖4-2　研究標的物（比較對象）──五款轎車

開啟Car Purchase.ahp，按【Edit】【Alternative】【Insert】增加Alternative，如圖4-3所示。

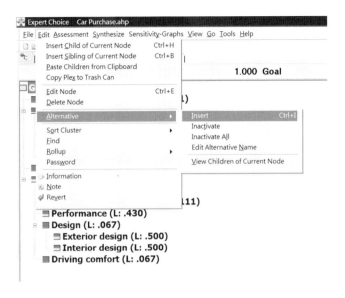

圖4-3　按【Edit】【Alternative】【Insert】增加Alternative

或者在「Alternative Pane」上，按右邊的「Add Alternative」圖示以增加Alternative，如圖4-4所示。

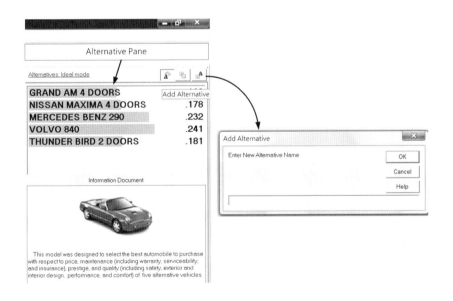

圖4-4　按右邊的「Add Alternative」圖示以增加Alternative

這些Alternative決定之後，如果必須編輯，可在該選項上按右鍵，即可插入、失

效（刪除）、全部失效（全部刪除）、編輯Alternative名稱（圖4-5）。如果選擇「失效」（刪除），該Alternative先前建立的資料仍然會出現在資料格距（Data Grid）中，但自此以後不納入比較。我們也可以按【Edit】【Alternative】進行上述動作。

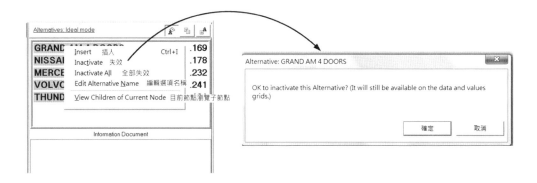

圖4-5　對Alternative進行編輯

然後我們開始進行成對比較，交代數字。在「3：1」（成對數字比較）方面，某一層次如果沒有下一層次（也就是最低層次）就是進行各Alternative的比較，例如：「Goal」的「3：1」（成對數字比較）是比較「Initial cost of automobile」、「Maintenance cost」、「Prestige」、「Quality」，而「Initial cost of automobile」的「3：1」，則是比較各Alternative（車款）（圖4-6）。

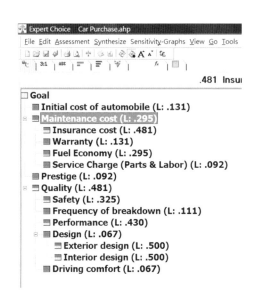

圖4-6　「3：1」的比較構面（或對象）

在結果的呈現上，按該層級，再按【Synthesis Results】（綜合結果）圖示，就會顯示五款汽車在該層級上的權重，右邊的「Alternative: Ideal Mode」視窗也會出現五款轎車的權重（圖4-7）。在呈現的次序方面，我們可以選擇「Sort by Name」（依名稱次序）、「Sort by Priority」（依權重次序）、「Unsort」（依原建檔次序）。

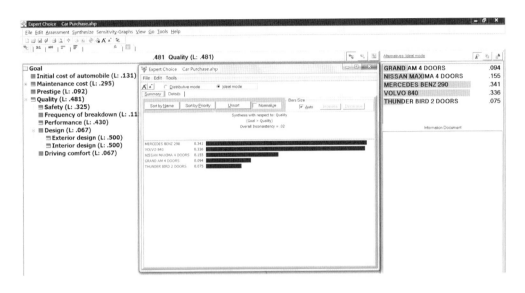

圖4-7　綜合結果

如果要看某一構面的下一個構面的權重，按【Assessment】【Direct】，在出現的視窗中，權重比較表會覆蓋在「3：1」比較表的上面，我們可以把它調整到下方，以便於瀏覽（圖4-8）。按【Esc】【Model View】圖示回到主畫面。

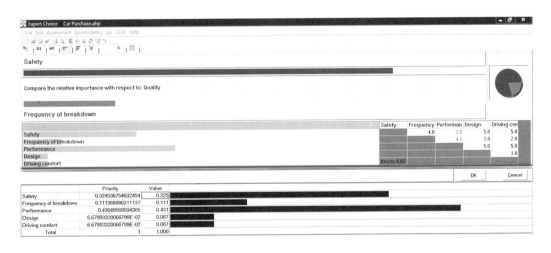

圖4-8　構面的權重表

我們也可以在「Information Document」內，對此研究專案做一些說明（圖4-9）。

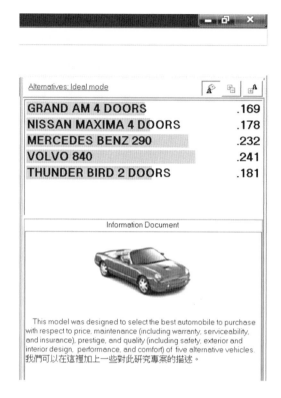

圖4-9　在「Information Document」內對此研究專案做一些說明

4-2　Sensitivity-Graphs

績效圖

選擇某一層級，按【Sensitivity-Graphs】【Performance】（敏感性圖形分析、績效），就會顯示Alternative（本例為五款汽車）在該層級構面上的權重，並以不同的顏色表示（圖4-10）。本書為黑白印刷，所以請讀者利用此範例看自行操作的畫面。

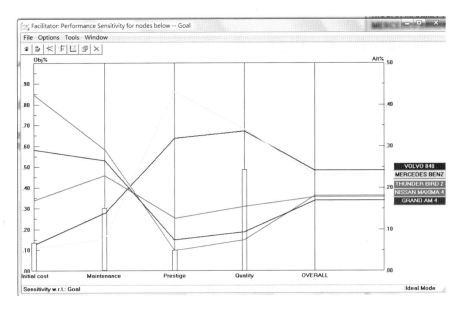

圖4-10　敏感性圖形分析、績效

動態圖

選擇某一層級，按【Sensitivity-Graphs】【Dynamic】（敏感性圖形分析、動態），就會同時顯示該層級下各構面的權重、Alternative（本例為五款汽車）在該層級構面上的權重，並以不同的顏色表示（圖4-11）。

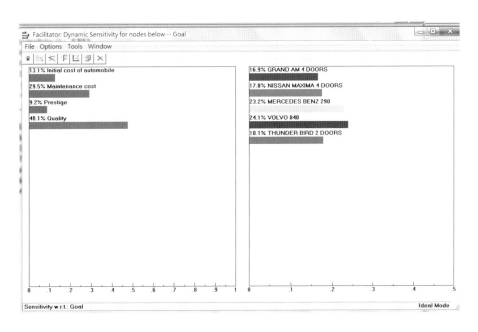

圖4-11　敏感性圖形分析、動態

▌梯度圖

選擇某一層級，按【Sensitivity-Graphs】【Gradient】（敏感性圖形分析、梯度），就會出現以構面為X軸、以各Alternative（五種車款）的權重為Y軸的圖形（圖4-12）。我們可以改變X軸名稱（按【X Axis】），來瀏覽在各構面之下，各Alternative（五種車款）的權重，以及每個構面占上一個構面的權重。

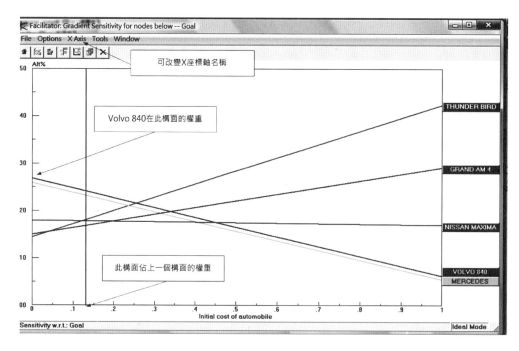

圖4-12　敏感性圖形分析、梯度

▌成對圖

選擇某一層級，按【Sensitivity-Graphs】【Head-to-Head】（敏感性圖形分析、成對），就會出現在該層級下各構面、每個Alternative的成對比較圖（圖4-13）。我們可以選擇以哪一個Alternative為基礎進行比較，也可以選擇要進行比較的對象。

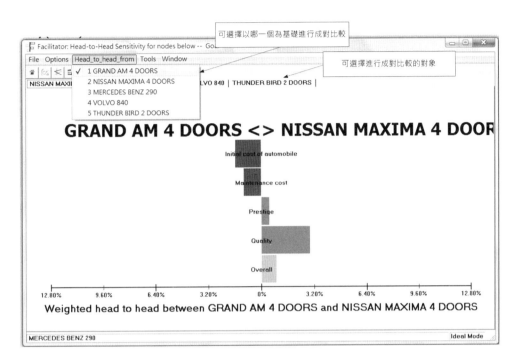

圖4-13　敏感性圖形分析、成對

平面圖

選擇某一層級，按【Sensitivity-Graphs】【2D】（敏感性圖形分析、平面），就會出現在該層級下兩個構面的平面圖，以及各Alternative的座標位置（圖4-14）。我們可以更換X軸、Y軸的名稱，瀏覽各Alternative在每兩個構面上的座標位置。

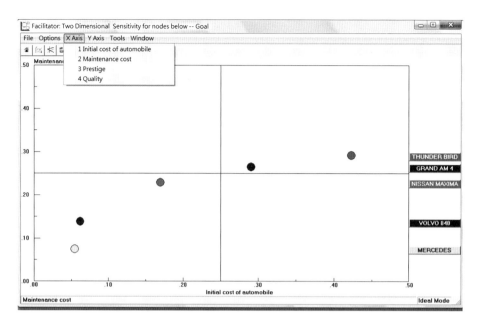

圖4-14　敏感性圖形分析、平面

◎ 開啟四種圖形

選擇某一層級，按【Sensitivity-Graphs】【Open Four Graphs】（敏感性圖形分析、開啟四種圖形），就會出現上述的四種圖形：績效圖、動態圖、梯度圖、成對圖，如圖4-15所示。

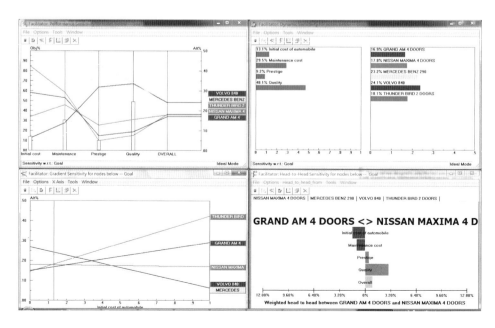

圖4-15　開啟四種圖形

以上的操作均是在「Goal」這個層次上，如果是在其他層次進行Sensitivity-Graphs，則必須注意，如果是最低層次或沒有Alternative，則Expert Choice會無法進行Sensitivity-Graphs（圖4-16）。

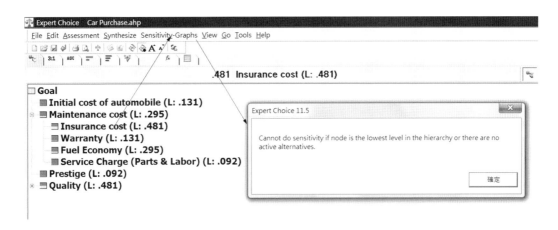

圖4-16　最低層次，Expert Choice無法運作

如果某一層次具有下一個層次（不是最低層次），則Expert Choice會詢問「是針對目前的節點（Current Node），還是目標（Goal）」來進行Sensitivity-Graphs？（圖4-17）。你可以依照你的目的作選擇。

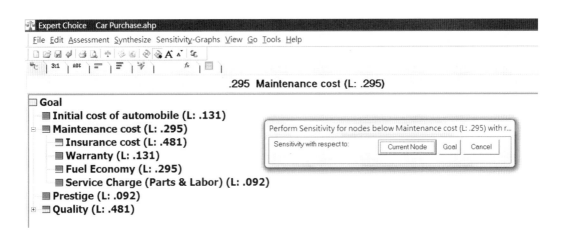

圖4-17　是針對目前的節點（Current Node），還是目標（Goal）

◆ 4-3　資料格距與繪圖 ◆

按【Go】【Data Grid】（執行、資料格距），就會呈現資料格距，左邊的欄位是各Alternative（五款轎車），右邊則是各個構面。其Plot（繪圖）功能，包括：Plot Covering Objective Priorities（整體構面權重繪圖）、Alternatives繪圖、單一Alternative繪圖三種，如圖4-18所示。

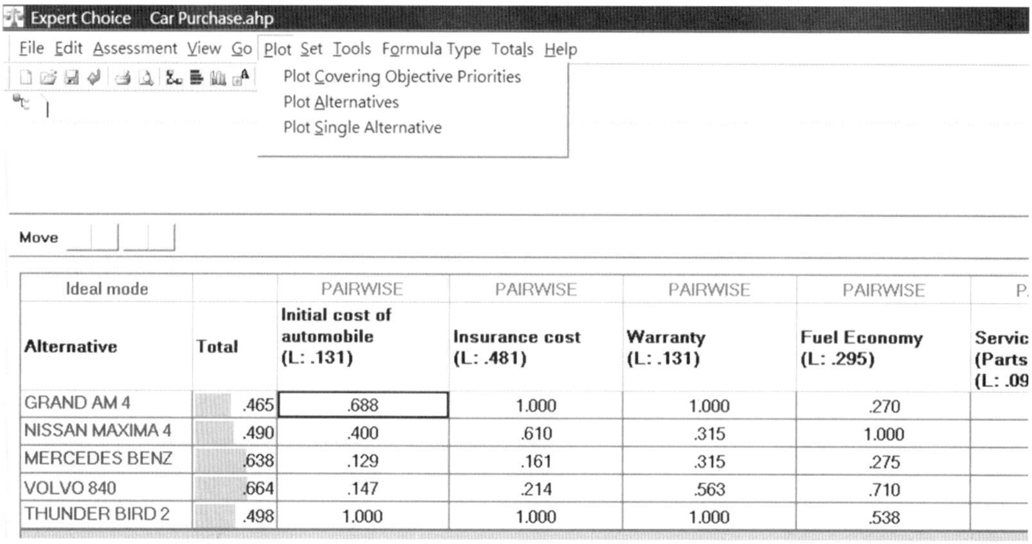

Expert Choice   Car Purchase.ahp
File Edit Assessment View Go Plot Set Tools Formula Type Totals Help

Plot Covering Objective Priorities
Plot Alternatives
Plot Single Alternative

Move

Ideal mode		PAIRWISE	PAIRWISE	PAIRWISE	PAIRWISE	P.
Alternative	Total	Initial cost of automobile (L: .131)	Insurance cost (L: .481)	Warranty (L: .131)	Fuel Economy (L: .295)	Servic (Parts (L: .09
GRAND AM 4	.465	.688	1.000	1.000	.270	
NISSAN MAXIMA 4	.490	.400	.610	.315	1.000	
MERCEDES BENZ	.638	.129	.161	.315	.275	
VOLVO 840	.664	.147	.214	.563	.710	
THUNDER BIRD 2	.498	1.000	1.000	1.000	.538	

圖4-18　資料格距與繪圖功能

▌整體構面權重繪圖

按【Plot】【Plot Covering Objective Priorities】，就會出現整體構面權重圖形（圖4-19）。在呈現的次序方面，我們可以選擇「Sort by Name」（依名稱次序）、「Sort by Priority」（依權重次序）、「Unsort」（依原建檔次序）。

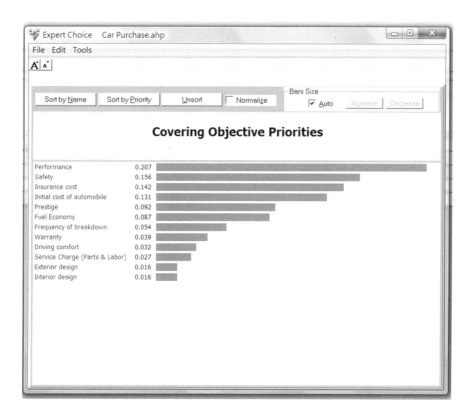

圖4-19　整體構面權重繪圖

▌Alternative繪圖

在Data Grid選擇一個構面，按【Plot】【Plot Alternatives】，就會出現各Alternative在該構面的權重圖（圖4-20）。我們可以按【Gallery】（圖庫），選擇其他的圖形來展示。

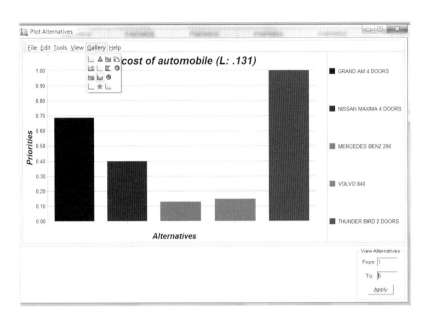

圖4-20　各Alternative在該構面的權重圖

█ 單一Alternative繪圖

在Data Grid選擇一個Alternative，按【Plot】【Plot Single Alternative】，就會呈現該Alternative在各構面的權重圖，如圖4-21所示。

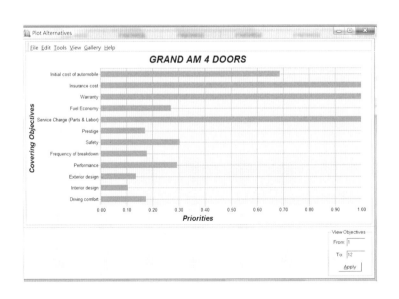

圖4-21　該Alternative在各構面的權重圖

4-4　層級圖（研究架構圖）

任何量化研究的論文，都要說明研究架構。按【View】【Hierarchy View】（瀏覽、層級式瀏覽），就會出現「Hierarchy View」視窗，所呈現的是預設的由上而下方式，我們可以按【Options】【Left Right】（選項、由左而右）以橫式呈現（圖4-22）。當然，我們也可以改變或調整「Tree Background Color」（樹狀結構背景顏色）、「Child Distance」（下一層次或子層次距離）、「Sibling Distance」（同層次距離）、「Include Alternatives」（包含Alternatives）、「Node Color」（節點顏色）等。

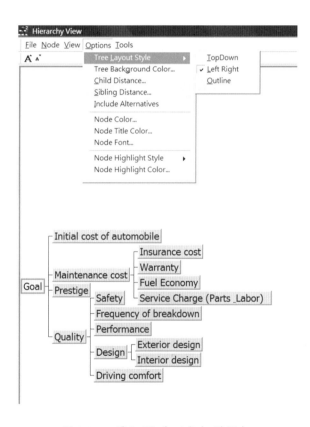

圖4-22　層級圖（研究架構圖）

◆ 4-5　截取圖形 ◆

為了研究報告的需要，我們有時必須將操作的畫面呈現出來。按【Tools】【StartScreenCapture】（工具、開始螢幕截圖），按著滑鼠左鍵不放，框住要截取的範圍，然後鬆手。此時會出現「另存新檔」視窗，交代要儲存的資料夾以及檔案名稱，按【存檔】（圖4-23），所儲存的檔案是BMP格式（微軟小畫家格式）。

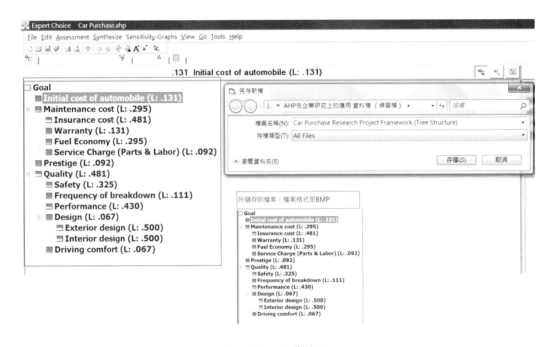

圖4-23　螢幕截圖

◆ 4-6　Global versus Active Alternatives ◆

Global Alternatives是指在Data Grid（資料格距）內的所有Alternatives，要刪除Alternatives只能在Data Grid內進行。

如果要增加Alternative，按【Edit】【Alternative】【Insert】。如果你想要在Model View（主畫面）右邊的Alternative Pane也加入此Alternative，你就必須在Data Grid中選擇此Alternative，並且進行Extract（萃取），如圖4-24所示。

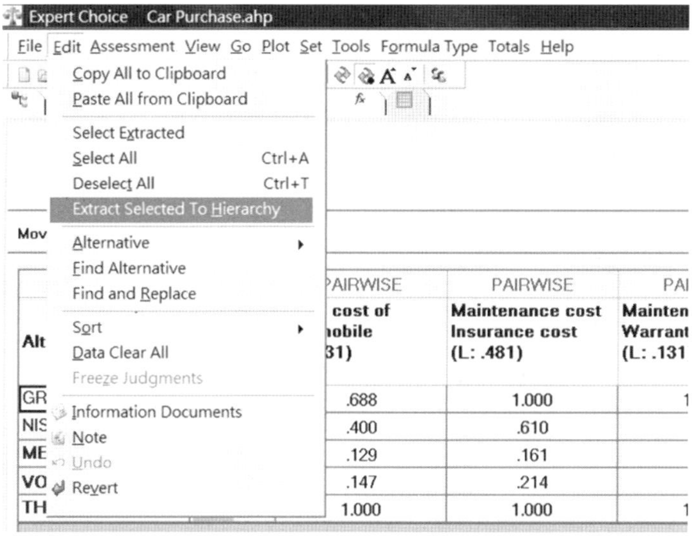

圖4-24　Data Grid中進行Alternative的Extract（萃取）

Active Alternatives是指在Model View（主畫面）右邊 Alternative Pane內的Alternatives（圖4-25）。在 Alternative Pane中增加的Alternative，會自動增加到Data Grid，但在Data Grid中增加的Alternative，不會自動呈現在Alternative Pane，除非經過「Active」（活化）。

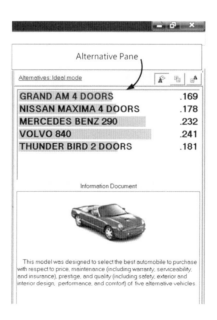

圖4-25　Alternative Pane

◆ 4-7 Help ◆

　　Expert Choice提供了非常詳盡的輔助教材。因為太豐富了，所以不知從何讀起。筆者建議可先看「Quick Start Guide」（快速學習手冊，圖4-26），之後就會有完整而清晰的概念。譬如說，筆者原來對於什麼叫做Global Alternatives 、什麼叫做Active Alternatives，不甚清楚，在看了Quick Start Guide的說明之後，豁然開朗，並把心得寫在4-7節。

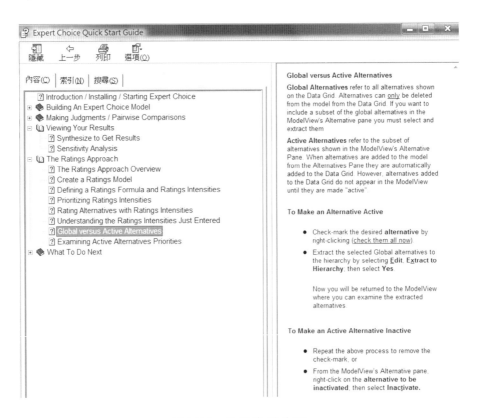

圖4-26　快速學習手冊

　　然後再跟著它的範例（圖4-27）學習（按【Help】【Sample Models】），從這些豐富的範例中，我們更能得心應手。

圖4-27　Expert Choice範例

4-8　結語

　　筆者認為Expert Choice是「小而美」的軟體，其簡樸的設計、豐富的功能，絕對是決策的好幫手。藉著它撰寫一篇高品質論文，進而獲得師長的嘉許，並順利畢業的同學們，必然覺得Expert Choice的功不可沒。

　　根據筆者使用經驗，Expert Choice似乎可以更加精進，以達到「止於至善」的境界。例如：(1)在「3：1」（成對數字比較）視窗中，名稱的欄寬可隨著文字長短而自動調整，以涵蓋所有文字（圖4-28），同時比較表的距離可適度拉近，而此視窗可自動調整成最適大小（圖4-29）。(2)在工具列上提供以問卷方式輸入的圖示，以方便以此方式輸入資料的使用者（否則使用者必須按【Assessment】【Questionnaire】）。(3)將所有的繪圖功能整合在一起。例如：我們可用Sensitivity-Graphs來繪圖，也可以在資料格距的環境下繪圖，雖然這兩個功能不太一樣，但是在工具列的位置上若能整合在一起，或許會更方便使用者。(4)提供多國語言選項，使我們可選擇傳統中文或簡體中文，以呈現中文操作介面（仿照SPSS的作法）。

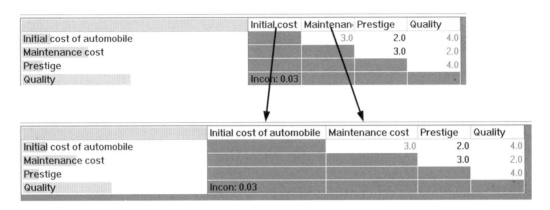

圖4-28　名稱的欄寬可隨著文字長短而自動調整，以涵蓋所有文字

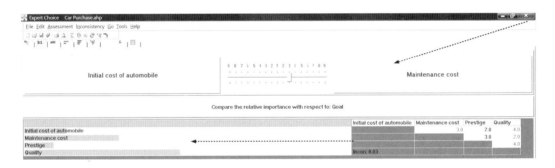

圖4-29　比較表的距離可適度拉近，而此視窗可自動調整成最適大小

參考文獻

1. 大前研一，1985，黃宏義譯（1987），《策略家的智慧》，台北市，長河出版社。

2. 于宗先、王金利（2000），《台灣中小企業的成長》，聯經出版公司。

3. 行政院青年輔導委員會（1995），「青年輔導研究報告之九十九——影響青年創業成功因素之研究」，行政院青年輔導委員會。

4. 何雍慶（1990），《實用行銷管理》，台北市，華泰書局。

5. 吳惠林、周添城（1998），「試揭台灣中小企業之謎」，《企銀季刊》，第3卷第11期，頁60-71。

6. 吳奕慧（2007），「華人創業家心理與行為特質之初探」，《創業管理研究》，2007年3月，第2卷第1期，頁1-30。

7. 吳志成（2008），「集團資源、組織特性、事業經營模式與新創事業組織績效影響因素之研究——台灣地區集團企業為例」，國立成功大學高階管理碩士在職專班（EMBA）碩士論文。

8. 吳思華（1988），「產業政策與企業策略——台灣產業發展歷程」，中國經濟企業研究所。

9. 吳奕慧（2004），「華人創業家適性量表的建構」，國立台灣大學商學研究所碩士論文。

10. 利尚仁、林韶怡（2007），「複雜性科學典範下的創業研究」，《創業管理研究》，2007年3月，第2卷第1期，頁31-60。

11. 周惠莉（2002），「五大人格特質、性別角色與轉換型領導關聯性之研究」，中原大學企業管理研究所碩士論文。

12. 林子銘、李東峰、連俊瑋（2002），「台灣人在不確定性環境下倫理決策行為研究」，《資訊管理研究》，2002年11月，第4卷第3期，頁163-204。

13. 林建勳（1999），「台灣人對不確定因素評估能力之研究：決策風格、命理、不確定性觀點與機率評估」，國立中央大學資訊管理研究所未出版碩士論文。

14. 林峰祿（1982），「應用AHP評選出口行銷目標市場之個案研究」，未出版碩士論文，交通大學管理科學系。

15. 侯文田（2005），「企業運用創新創造價值以提升競爭力之研究」，國立中山大學企業管理研究所碩士在職專班碩士論文。

16. 侯嘉政（2008），「企業動態能力與創業管理之研究」，《創業管理研究》，2008年6月，第3卷第2期，頁1-28。

17. 洪竹成（2005），「創業導向、策略導向、學習導向、資源導向與經營績效之實證研

究」，國立雲林科技大學企業管理系碩士班。

18. 常國強（2005），「組織創業精神及創新與組織績效關係之研究」，國立中央大學管理學院高階主管企管碩士班碩士論文。

19. 張力（2000），「關係網絡的建立構面與經理人對關係網絡認知之研究」，淡江大學管理科學學系碩士論文。

20. 張玉利、李乾文（2006），「公司創業導向與組織績效：基於探索能力與開發能力的中介效應研究」，《創業管理研究》，2006年12月，第1卷第1期，頁133-153。

21. 張勝立、魏式琦、楊金展、陳志遠（2007），「人格特質、社會資本、先前知識對創業機警性影響之實證研究：創業家與經理人的比較分析」，《創業管理研究》，2007年12月，第2卷第4期，頁25-56。

22. 陳苑菁（2004），「以層級分析法（AHP）建構同步工程之綠色設計開發程式——以消費性電子產品為例」，未出版碩士論文，大業大學工業設計學系。

23. 陳麗華（2005），「組織創業經神及創業機會辨識模式對創業結果影響之研究」，淡江大學企業管理碩士論文。

24. 曾國雄、鄧振源（1989），「層級分析法AHP的內涵特性與應用（下）」，中華統計學報，1989年7月，第27卷第7期，頁13767-13870。

25. 許雄傑（2007），「台灣中小企業主創業機會辨識對創業績效影響之研究——先前知識、警覺性與社會網絡之干擾效果」，國立體育學院休閒產業經營學系碩士論文。

26. 黃寶棟（2006），「人格特質、創業動機、創業策略與創業績效之關係研究——以台灣區中小企業創業家為例」，國立成功大學管理學院EMBA碩士論文。

27. 馮正民、李穗玲（2000），「由決策習慣探討AHP之決策方法」，《中華管理學報》，第1卷第1期，頁21-26。

28. 經濟部中小企業處（2009），《2009年中小企業白皮書》。

29. 趙文衡，「台灣與日本中小企業發展變遷之比較研究」，《臺灣經濟金融月刊》，第44卷第1期。（www.globalpes.com）

30. 劉常勇、謝如梅（2006），「創業管理研究之回顧與展望：理論與模式探討」，《創業管理研究》，2006年12月，第1卷第1期，頁1-43。

31. 鄭勤耀（2007），「知識資源、社會資本、創業導向及策略定位對新創事業之績效影響——以大陸台商為例」，國立雲林科技大學企業管理系碩士班。

32. 戴肇洋（2009），「中小企業經營創新思維之研析」。

33. 邁克爾・莫里斯、唐納德・庫拉特科著，楊燕綏等譯（2005），《公司創業：組織內創業發展》，清華大學出版社。

34. 羅宗敏、王俊仁、許雄傑（2007），「創業者人格特質對創業績效影響之研究——關係網絡之中介效果」，《創業管理研究》，2007年12月，第2卷第4期，頁57-58。

35. 蘇暐傑（2007），「影響新創事業績效因素之探討——以集團新創事業為例」，國立雲林科技大學企業管理系碩士班。

36. Aaker, D. A. (1984), *"Strategic Market Management"*, New York: John Wiley & Sons.

37. Alvarez, S. A., & Busenitz, L. W. (2001), *"The Entrepreneurship of Resource-Based Theory"*, Journal of Management, Vol. 27 (6), 755-775.

38. Alvarez, S. A. & Barney, J. B. (2004), *"Resource-Based Theory and the Entrepreneurial Firm"*, in Hitt, M. A., Ireland, R. D., Camp, S. M. & Sexton, D. L. (eds), Strategic Entrepreneurship: Creating a New Mindset, Blackwell Publishers, 89-101.

39. Audretsch D. B. & Thurik A. R. (2000), *"Capitalism and Democracy in the 21ˢᵗ Century: From the Managed to the Entrepreneurial Economy"*, Journal of Evolutionary Economics,Vol.10 (1),17-34.

40. Barnard, C. S. & J. S. Nix (1976), *"Farm Planning and Control"*, 2nd ed., New York: Cambridge University Press.

41. Boynton, A. C. & R. W. Zmud (1984), *"An Assessment of Critical Success Factor"*, Sloan Management Review, 54 (8), 17-27.

42. Brush, C. G., Greene, P. G., & Hart, M. M. (2001), *"From Initial Idea to Unique Advantage: The Entrepreneurial Challenge of Constructing a Resource Base"*, Academy of Management Executive, Vol.15 (1), 64-78.

43. Bullen, C.V. & J. F. Rockart (1981), *"A Primer on Critical Success Factors"*, CISR Working papers, Sloan School of Management, 69, 1220-1281.

44. Chandler, G. N. & Hanks, S. H. (1994), *"Market Attractiveness, Resource-Based Capabilities, Venture Strategies, and Venture Performance"*, Journal of Business Venturing, Vol. 9 (4), 331-349.

45. Chandler, G., & Hanks, S. H. (1998), *"An Examination of the Substitutability of Founder Human and Financial Capital in Emerging Business Ventures"*, Journal of Business Venturing, Vol. 13 (5), 353-370.

46. Commons, J. R. (1974), *"The Economics of Collective Action"*, New York: Macmillan.

47. Covin J. G., & Slevin D. P. (1989), *"Strategic Management of Small Firms in Hostile and Benign Environment"*, Strategic Management Journal Vol.10 (1), 75-87.

48. Daniel, D. R. (1961), *"Management Information Crisis"*, Harvard Business Review, 39(5): 111-121.

49. Dollingers, M. J. (2003), *"Entrepreneurship: Strategies and Resources"*, 3rd ed., Prentice Hall.

50. Drucker, Peter F. (1985), *"Innovation and entrepreneurship: Practice and principles"*, New York : Harper & Row.

51. Duncan R. B. (1972), *"Characteristics of Organizational Environments and Perceived Environmental Uncertainty"*, Administrative Science Quarterly, (17), pp. 313-327.

52. Elfring, T. & Hulsink, W. (2003), *"Networks in Entrepreneurship: The Case of High-Technology Firms"*, Small Business Economics, Vol. 21, 409-422.

53. Erikson, T. (2001), *"The promise of entrepreneurship as a field of research: A few comments and some suggested extensions"*, Academy of Management Review, 26 (1), 8-20.

54. Gnyawali, D. & Fogel, D. S. (1994), "*Environments for Entrepreneurship Development: Key Dimensions and Research Implications*", Entrepreneurship Theory and Practice, Vol. 18, 43-62.

55. Grant, R. M. (1999), "*Contemporary Strategy Analysis: Concepts, Techniques Applications*", 4th ed, Blackwell Publishers Limited.

56. Harmbrick, D. C. & Lei, D. (1985) , "*Toward an Empirical Prioritization of Contingency Variables for Business Strategy*", Academy of Management Journal, 28, 763-788.

57. Hickson, D. J., et al. (1971), "*A Strategic Contingencies Theory of Intraorganizational Power*", Administrative Science Quarterly, 16, 216-229.

58. Hitt, M. A., Ireland, R. D., Camp S. M., & Sexton, D. L. (2002), "*Strategic entrepreneurship Creating new mindset*", Blackwell Publishers, Oxford.

59. Hofer, E. & R. Schendel, (1985), "*Strategic Management and Strategic Marketing: What's Strategic About Either One?*", Strategic Marketing and Management, New York: John Wiley & Sons.

60. Hutrz G. M. & Donovan J. J. (2000), "*Personality and job performance: the big five revisited*", Journal of Applied Psychology, Vol. 85, 869-879.

61. Lawrence, P. R. & Lorsch, J. W. (1967), "*Organization and Environment*", Boston: Harvard University, Graduate School of Business Administration.

62. Lee D. Y. & Tsang, W. K. (2001), "*The Effects of Entrepreneurial Personality, Background and Network Activities on Venture Growth*", Journal of Management Studies, Vol. 38, 583-602.

63. Leidecker, J. K. & A. V. Bruno (1984), "*Identifying and Using Critical Success Factors*", Long Range Planning, 17(1), 23-32.

64. Lichtenstein, B. M. B. & Brush C. G., (2001), "*How do Resource Bundles Develop and Change in New Ventures? A Dynamic Model and Longitudinal Exploration*", Entrepreneurship Theory and Practice, Vol. 26 (3), 37-58.

65. Milliken, F. J. (1987). "*Three Types of Perceived Uncertainty About Environment: State, Effect, and Response Uncertainty*", Academy of Management Review, 12, 133-143.

66. Pennings, J. M. & Tripathi, R. C. (1978), "*The Organization Environment Relationship: Dimensional versus Typological Viewpoints*", Organization and Environment, Beverly Hills, CA: Sage, 171-195.

67. Pennings, J. M. (1981), "*Strategically Interdependent Organization*", in Handbook of Organizational Design, New York Oxford University Press, 433-455.

68. Porter, M. E. (1990), "*The competitive advantage of nations*", London and Basingstoke: Macmillan.

69. Saaty, T. L. (1980), "*The Analytic Hierarchy Process*", New York: McGraw-Hill.

70. Schmidt, S. M., & L. L. Cummings (1974), "*Organizational Environment, Differentiation and Perceived Uncertainty*", Decision Scinces, Vol. 5, 632-643.

71. Schumpeter, J. A. (1934). "*The theory of economic development*", Cambridge, MA: Harvard

University Press.

72. Schollharmmer & Kuriloff (1979), *"Entrepreneurship and Small Business Management"*, New York: Wiley.

73. Shane, S. & Venkataraman, S. (2000). *"The promise of entrepreneurship as a field of research"*, Acafemy of Management, 25(1), 217-226.

74. Theory of Entrepreneurship: The Individual-Opportunity Nexus, Edward Elgar, Cheltenham, UK. Northampton, MA, USA.

75. Thompson, A. A. & A. J. Strickland (2002), *"Strategic Management: Concept and Cases"*, 13th ed., New York: McGraw-Hill.

76. Tillett, B. B. (1989), *"Authority Control in the Online Environment: Considerations and Practices"*, New York: Haworth Press.

77. Ucbasaran, D., Westhead, P. & Wright, M. (2001), *"The Focus of Entrepreneurial Research: Contextual and Process Issues"*, Entrepreneurship Theory and Practice, Vol. 26 (2), 57-80.

78. Venkataraman, S.(1997), *"The distinctive domain of entrepreneurship research: An editor's perspectrive"*, In J. Katz & R. Brockhaus (Eds.), Advances in entrepreneurship, firm emergence, and growth, Greenwich, CT: JAI Press, 119-138.

79. Zahra, S. & Dess, G. G. (2001). *"Entrepreneurship as a field of research: Encouraging dialogue and debate"*, Academy of Management Review, 26(1), 8-20.

給論文寫作者的統計指南：傻瓜也會跑統計（第四版）　1H98

作　　者：顏志龍、鄭中平
出版日期：2022/09/01
定　　價：590元
ISBN 9786263432420

內容簡介

「這是一本強大的SPSS操作手冊！」
耶穌為了拯救世人而生；這本書為了拯救正在寫論文的人……和兩位作者的三餐而出版。這是一本專為學生設計的統計指南。

統計學：SPSS操作與應用（附習題與解答）　1H2K

作　　者：林曉芳
出版日期：2021/10/19
定　　價：680元
ISBN 9789577636836

內容簡介

踏入資料分析的領域，3大利器攻略統計語法
※人性化操作＋圖表豐富範本＝最適合初學者的SPSS
※詳細解說＋範例資料檔，數據運用，得心應手。
※概念圖＋習題，架構完整思路；操作步驟一一列出，照著做就對了！

愛上統計學：使用R語言　1H2L

作　　者：Neil J. Salkind、Leslie
　　　　　A. Shaw
譯　　者：余峻瑜
出版日期：2021/03/03
定　　價：680元
ISBN 9789865224530

內容簡介

YA！我喜歡統計學！R語言版來了！
※每章均附「真實世界的統計」，讓你知道統計其實默默地貼近你的生活。
※互動式學習網站加深你與統計學的情感連結。

基礎統計學：使用Excel與SPSS　1H3B

作　　者：陳正昌
出版日期：2021/09/01
定　　價：590元
ISBN 9786263171053

內容簡介

※從日常生活案例，使用Excel、SPSS統計分析。
※統計概念與統計報表解讀兼具，利於掌握統計原理，避免誤用工具。
※把握重要概念，以高中數學為基礎即可無痛使用公式。
※內容適合統計學課程教材及學習，依書中按部就班輕鬆學習。

統計學：原理與應用（第四版）　1H90

作　　者：邱皓政、林碧芳
出版日期：2022/03/25
定　　價：720元
ISBN 9786263175594

內容簡介

※融合數學的理性與文字的感性。說明力求平實流暢、簡明易懂。
※善用範例闡述統計原理與公式意義，理論與實務兼備。
※開闢電腦小精靈專區，詳述EXCEL操作方式，統計實作得心應手。

統計效果值的估計與應用（附光碟）　1H3G

作　　者：李茂能
出版日期：2022/08/05
定　　價：560元
ISBN 9786263431089

內容簡介

※涵蓋單變項與多變項統計方法的效果值指標，適合作為應用統計學課程主要教材及量化研究課程輔助教材。
※為研究者進行整合分析的必備查考寶典。
※隨書附贈多套Excel VBA & VB程式，以便利效果值的估計。

用JASP完成論文分析與寫作 1HAM

作　　者：胡昌亞、楊文芬、游琇婷、黃瑞傑、鄭瑩妮、王豫萱、陳怡靜、林義挺、陳燕諭、范思美、黃柏僩
出版日期：2022/09/01
定　　價：300元
ISBN 9786263179592

內容簡介

在統計背景爲零的情況下，也能學會用JASP進行論文統計分析！

※完整講解JASP軟體與操作，透過報表解說與範例，深入淺出介紹各類分析適用時機。

※軟體輸出之圖表編排大多符合APA格式規範，加速論文寫作與簡報。

學位論文撰寫與問卷調查統計分析（第三版） 1H2G

作　　者：胡子陵
出版日期：2022/09/10
定　　價：400元
ISBN 9786263432499

內容簡介

一本爲你而生的褓母級論文救急攻略。

每週3小時，你也能寫出一篇自己滿意（教授點頭）的學位論文！

※本書操作簡明，讓SPSS極易上手。

Minitab與統計分析（第二版） 1H96

作　　者：陳正昌
出版日期：2021/07/10
定　　價：680元
ISBN 9789865225667

內容簡介

※詳細書名資料輸入、分析步驟、報表解毒及撰寫結果，幫助讀者順利完成論文。

※統計概念與統計報表解讀兼具，利於掌握統計原理，避免誤用工具。

※改版新增資料並使用最新版本Minitab 19、20，加速完成統計分析。

量化研究與統計分析：SPSS與R資料分析範例解析（第六版） 1H47

作　　者：邱皓政
出版日期：2020/09/10
定　　價：690元
ISBN 9789577633408

內容簡介

※以SPSS最新版本SPSS 23～25進行全面編修，增補功能介紹，充分發揮優勢。

※含括免費軟體R的操作介紹與實例分析，與SPSS對應，拓寬學習視野。

※納入PROCESS模組，擴充調節與中介效果實作技術，符合碩博士生與研究人員需求。

Python程式設計入門與應用：運算思維的提昇與修練（第二版） 1H2B

作　　者：陳新豐
出版日期：2022/07/01
定　　價：480元
ISBN 9786263179585

內容簡介

※初學者也能上手，內容淺顯易懂，從運算思維，說明程式設計的設計策略。

※實務與理論兼備，結合圖表與實例運用，增進運算思維的能力。並引導讀者用Python開發專題。

※內容包括視覺化、人機互動、YouTube影片下載器、音樂MP3播放器與試題分析等。

R軟體在決策樹的實務應用 1H0G

作　　者：吳明隆、張毓仁
出版日期：2017/05/26
定　　價：760元
ISBN 9789571191492

內容簡介

※從使用者觀點出發，實務的角度論述，有系統地介紹R軟體在資料探勘預測分類的實務應用。

※內容詳細介紹不同套件函數在決策樹的使用方法、模型效度檢定法，決策樹與複迴歸分析、邏輯斯分析與區別分析的綜合應用。

※搭配範例解說，讓學習更能事半功倍。

國家圖書館出版品預行編目資料

Expert Choice在分析層級程序法(AHP)之應用／
榮泰生著.--二版.--臺北市：五南圖書出版股
份有限公司, 2023.03
　面；　公分.
ISBN 978-626-343-850-7 (平裝)
1.CST: 決策支援系統
494.8　　　　　　　　　　112002108

1H71

Expert Choice在分析層級程序法(AHP)之應用

作　　　者 — 榮泰生

發 行 人 — 楊榮川

總 經 理 — 楊士清

總 編 輯 — 楊秀麗

主　　　編 — 侯家嵐

責任編輯 — 侯家嵐

出 版 者 — 五南圖書出版股份有限公司

地　　　址：106台北市大安區和平東路二段339號4樓

電　　　話：(02)2705-5066　　傳　　　真：(02)2706-6100

網　　　址：https://www.wunan.com.tw

電子郵件：wunan@wunan.com.tw

劃撥帳號：01068953

戶　　　名：五南圖書出版股份有限公司

法律顧問　林勝安律師

出版日期　2011年6月初版一刷
　　　　　2020年9月初版五刷
　　　　　2023年3月二版一刷

定　　　價　新臺幣350元